国 家 重 点 规 划 图 书

21世纪规范化养殖日程管理系列

SHENGZHANG YUFEIZHU RICHENG GUANLI JI YINGJI JIQIAO

生长育肥猪日程管理及应急技巧

李清宏　主编

中 国 农 业 出 版 社

图书在版编目（CIP）数据

生长育肥猪日程管理及应急技巧/李清宏主编．—北京：中国农业出版社，2013.4
（21 世纪规范化养殖日程管理系列）
ISBN 978-7-109-17759-8

Ⅰ.①生…　Ⅱ.①李…　Ⅲ.①猪—饲养管理　Ⅳ.①S828

中国版本图书馆 CIP 数据核字（2013）第 067922 号

中国农业出版社出版
（北京市朝阳区农展馆北路 2 号）
（邮政编码 100125）
策划编辑　郭永立　刘　伟
文字编辑　肖　邦　郭永立

中国农业出版社印刷厂印刷　新华书店北京发行所发行
2014 年 2 月第 1 版　2014 年 2 月北京第 1 次印刷

开本：850mm×1168mm 1/32　印张：12.125
字数：306 千字
定价：28.00 元
（凡本版图书出现印刷、装订错误，请向出版社发行部调换）

本书编写人员

主　编　李清宏

副主编　白元生　郝瑞荣

编　者　（以姓氏笔画为序）

王伟伟　白元生

孙耀贵　李清宏

武晓英　郝瑞荣

赵宇琼　高文伟

程　佳

SHENGZHANG YUFEIZHU RICHENG GUANLI JI YINGJI JIQIAO

前　言

我国养猪业在畜牧业中占有重要的地位。随着国民经济迅猛发展和人民生活水平日益提高，膳食结构发生变化，国内外市场对猪肉及其产品的需求量越来越大。同时，人们对食品安全的要求也越来越高，对猪肉产品质量提出了更高的要求。此外，我国养猪业也面临着全球市场一体化的巨大挑战。

目前我国养猪生产仍存在生产成本高、比较效益低、防疫任务重、环保压力大等问题。我们编写本书的宗旨是规范操作程序、科学指导生产。本书以生产日历的形式，清楚地说明了每天几点该做的工作、该备的药物等，给猪场养殖技术员提供了科学、规范的操作管理模式，使之不仅知道该怎么饲养，还知道该怎么管理和防疫。

在本书的编写过程中，我们参考了许多专家、学者的著作和论文，参考了许多地方的养殖经验，特向有关专家、学者表示诚挚的谢意。

限于水平和条件，书中难免有不少缺点和纰漏，恳请广大读者批评指正。

编　者

2013年8月

目　录

第1篇

准备篇

SHENGZHANG YUFEIZHU RICHENG GUANLI JI YINGJI JIQIAO

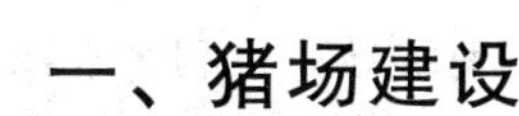

一、猪场建设

准备篇

（一）场址选择与布局

1. 场址选择 建造一个猪场，首先要考虑选址问题。场址选择是否得当，不仅关系到猪场的卫生防疫、猪只的生长以及饲养人员的工作效率，而且关系到养猪的成败、效益以及周围环境的保护。场址选择要考虑综合性因素，如地势、交通、水源、电源、防疫条件、自然灾害及经济环境等。

（1）场址选择应遵循的基本原则。猪场场址关系到猪场的小气候状况和防疫工作效果，同时猪场会产生一定量的污染物并产生许多有害气体，对环境污染比较严重。因此，猪场场址选择要遵循的原则是既要对生产有利，又要尽量减少对周围环境的影响，而且要符合土地利用发展规划和村镇建设发展规划的要求。

（2）猪场的地形地势。地形是地貌和地物的统称。地貌是地表面高低起伏的自然形态，地物是地表面自然形成和人工建造的固定性物体。作为养猪场址，要求满足建设工程需要的水文和工程地质条件，地形开阔整齐，有足够的生产经营土地面积。场地面积应根据猪场初步设计提出的面积来衡量，并考虑场地各方面的距离是否便于进行场地规划和建设物布局，面积不足会对饲养管理、防疫防火及猪舍环境造成影响。地形整齐便于充分利用场地和合理布置，可减轻清理场地的工作量。地势是指地表形态起伏的高低与险峻的态势。包括地表形态的绝对高度和相对高差或坡度的陡缓程度。作为猪场场地，要求地势较高、干燥、背风、向阳，地面应平坦而稍有缓坡，以利排水，一般坡度在1°～3°为宜，最大不超过25°。地势低洼易集水潮湿，夏季通风不良，空气闷热，易滋生蚊蝇和微生物，冬季阴冷。地势不平坦，高低起伏太大或坡度太大，势必加大施工填挖工作量，增加基建投资，并给投产后场内运输造成困难。猪场不宜建于山坳和谷地，以防止在猪场上空形成空气涡流，还要避开西北方向的山口和长形谷地，以减少冬、春风雪侵袭。

（3）猪场土质。要求猪场土质坚实，渗水性强，透气性好，热容量大，未被病原体污染。这样可抑制微生物、寄生虫和蚊蝇的滋生。沙土虽渗水好，不潮湿，不泥泞，但其易升温也易降温，地温变化幅度大，对猪只健康不利。黏土不易渗水，常因阴雨造成泥泞积水，有碍猪场生产作业的正常进行，受冻则膨胀变形。最好是选择在兼有沙土和黏土优点的沙壤土上建猪场，可使场区昼夜温差较小。土壤化学成分也会影响猪的代谢和健康，某些化学元素过多过少都会造成地方病，如缺碘造成甲状腺肿大。土壤虽有净化作用，但是许多微生物可存活多年，应避免在旧猪场场址或其他畜牧场场地建猪场。

（4）猪场水源。要求猪场水源水质良好，符合畜禽饮用水标准。水量充足，水源水量要满足猪场生活用水、猪只饮用及饲养管理用水（如清洗、调制饲料，冲洗猪舍，清洗机具、用具等）。猪场水源应不易受周围环境污染，而且取用方便，便于进行水的净化和消毒。凡经过检验证明未受污染的井水、泉水、江河流动水都可以作为猪场的水源，现多使用地下水。

（5）交通与电力。猪场必须选在交通便利的地方。特别是大型猪场，其物质需求和产品销量很大，对外联系密切，更应保证交通方便。考虑到卫生防疫和环境保护，场址要距主干公路

1 000米以上，并修专用公路与主干公路联系。电力供应对猪场至关重要，除照明用电、加工饲料用电外，有时冬季产仔时还利用红外灯等进行局部采暖。选址时必须保证可靠的电力供应，并要有备用电源。

（6）社会条件。猪场应建在居民区、工厂的下风向或侧风向，且距居民点1 500米以上，以减少对居民区的侵害，如果有围墙、河流、林带等屏障，则距离可适当缩短些，主风向必须是从居民区到养猪场，而非从猪场到居民区。距其他养殖场应在1 500米以上，距屠宰场和兽医院宜在2 000米以上。要离开居民点排污处，更不应选在化工厂、屠宰厂、制革厂、造纸厂等排污企业的下风处或附近，禁止在旅游区等公共场所周围建猪场。

（7）附近城镇的发展。中国目前的城市化正在加速，而且在今后几十年内，它将以比现在以更快的速度发展。中国各大、小城市的面积逐渐扩大。猪场场址要距城市 30 千米以上。

综上所述，猪场的选址是很重要的，它直接关系到猪场的经济效益和对人们生活环境的影响。合理的选址可以促进猪场的建设，增加猪场的经济效益，保证人们有良好的生活环境。

2. 场内布局的基本原则

（1）场内总体布局应体现建场方针、任务，在满足生产要求的前提下，应体现节约用地原则，尽量选用不宜耕作土地，并为扩大生产预留空间。

（2）猪场按办公生活区、生产区和隔离区三个功能区布局，各功能区界限分明。根据当地主风向和地势的特点，办公生活区应选择在生产区常年主导风向上风向或侧风向及地势较高处；隔离区布置在生产区常年主导风向的下风向或侧风向及全场地势最低处，并保持一定的卫生间距（50～100 米）。区间围墙隔离，做到各功能区相对分开，正常猪与病猪分开，种猪与商品猪分开。

（3）根据猪场生产实际和不同猪群特点，分类别建设猪舍。

生产区按风向从上至下各类猪舍排列依次为：公猪舍、空怀母猪舍、妊娠母猪舍、哺乳母猪舍、仔猪保育舍、生长猪舍、育肥猪舍。育肥猪舍应靠近场区大门，以便于出栏。有条件的最好把繁育场与育肥场分开建设。

（4）猪场内道路实行净、污分道，互不交叉，出、入口分开。人员、饲料及产品进出走净道，粪便、病猪及废弃设备运输走污道。

（5）猪舍朝向和间距必须满足日照、通风、防火和排污的要求，猪舍朝向一般为南北方向，南北向偏东或偏西不超过30°，保持猪舍纵向轴线与当地常年主导风向成30°～60°角。相邻两猪舍纵墙间距一般为7～9米，端墙间距不少于10米。

（二）猪场建筑规划设计与平面布局

1. 猪舍建筑设计要求

（1）满足工艺要求。保证隔离饲养工艺的实施。例如，各育肥阶段猪舍要独立。

（2）合理利用地形地势、主风向与光照。猪场生产区按夏季风向布置在生活管理区的下风向或侧风向处，污水粪便处理设施和病死猪处理坑设在生产区的下风向或侧风向处，各区之间用绿化带或围墙隔离。

（3）猪舍间距一般不少于猪舍高度的两倍，通风、光照特别好的高山顶猪舍间距可稍小。猪舍排列顺序为公猪舍、空怀母猪舍、妊娠母猪舍、分娩哺乳猪舍、断奶保育猪舍、生长育肥猪舍，尽量保证一栋猪舍一个工艺环节。各建筑物排列整齐、合理，既利于道路、给排水管道、绿化、电线等的布置，又要便于生产和管理工作，为减轻劳动强度、提高劳动效率创造条件。

（4）猪场生产区四周设置围墙，猪场大门口分别设行人、车辆消毒池，两侧设值班室和更衣室。生产区各猪舍的位置既应考虑转群等联系方便，又应便于卫生防疫，仔猪舍安排在上风向和地势较高处。生长猪舍和育肥猪舍应与仔猪舍间隔一定距离。围墙内侧设装猪台，运输车辆停在墙外装车。病猪和粪污处理应置于全场最下风向和地势最低处，距生产区宜保持至少 50 米的距离。

（5）猪舍建筑要与设备配套。养猪设备比较繁杂，而且各类猪舍的设备差距较大，同时许多设备的安装与猪舍建筑关系密切，所以在猪舍建筑设计中首先要根据饲养工艺、设备规格及数量，做出猪舍的平面设计，然后在充分了解每栋猪舍各种设备如围栏、供水、供电、通风、保温、清洁消毒和饲料输送等设备的安装要求后，再认真做好设备安装的预埋件、预留孔和支承平台等设计。

（6）要有较好的隔热、保温和通风结构及性能。一般猪舍温度要控制在 25℃左右，种猪猪舍温度要求 18～20℃，乳猪保温区要求较高，在 25～35℃，猪舍的结构和材料要求有较好的隔热、保温和通风性能，以便降低养猪生产中能源的消耗。此外，由于猪舍内湿度较大，氨气等浓度较高，猪舍内表面的建筑材料还要有较好的耐潮湿和耐腐蚀性能。

（7）遵守兽医卫生规定。对兽医卫生方面不安全的建筑物应位于地势低处及下风向，并应远离猪舍、人畜通道、露天水源与饲料库。应合理利用地形地势与主风向来确定建筑物布局，以保证居民环境不受污染和猪群防疫安全。

（8）便于清洁、消毒及猪只行走。猪舍要经常清洁、消毒，所以猪舍墙体、地面、排污沟等结构要便于清洁、消毒，所有拐角应用圆弧过渡，避免死角藏污纳垢。为防止猪只行走时滑倒，凡是有猪只行走的地面要有一定的粗糙度，而排污沟表面越光滑越好。

2. 总体平面设计的原则

（1）严格按照工艺流程布置猪舍和饲料间（饲料厂）等生产建筑。

（2）总体布局要有利于防疫。关键有两点：①布局要保证人员、车辆、物质的严格消毒隔离。②生活区、生产区和粪、尿、污水处理区要相互隔离。合理布局猪舍、装猪台、集粪区、隔离舍、兽医室、饲料间和进出大门等。有许多猪场由于总体布局不合理，无法完全做到人员、车辆、物质严格消毒隔离，导致交叉感染，猪病不断。

（3）全面规划，一步到位。对一个场地，特别是大型养猪场，生产规模建设可分期进行，但总体平面设计要一次完成，不能边建设边设计边投产，导致布局零乱，各生产区不能共享公共设施资源，不仅造成浪费，还给管理带来麻烦。

（4）依靠猪场规划设计专家，科学设计。猪场规划设计的许多内容最后都落实到总体平面布局中，没有全面的知识和实践经验是很难做好这项工作的，要做好总体平面设计必须请专家，可以少走许多弯路，一次成功。

（三）猪舍设计

1. 猪舍建筑类型 用于养猪生产的猪舍类型繁多，根据不同的分类依据，可分为如下几种：

（1）按猪舍的封闭程度分。

前敞式：前敞式猪舍可由两个山墙、后墙、支柱和屋顶组成，正面无墙呈敞开状，通常敞开部分朝南。这种猪舍结构简单，投资少，通风透光，排水好，造价低，夏季利于防暑降温，冬季要在半墙上挂草帘或塑料布，才能提高猪舍保温性能。

半敞式：半敞式猪舍的东西两侧山墙及北墙均为完整的墙体，南侧墙体多为1米左右的半截墙，略优于开放式。开敞部分在冬季可加以遮挡形成封闭状态，从而改善舍内小气候。我国北方地区为改善开放式猪舍冬季保温性能差的缺点，采用塑料薄膜覆盖的办法，使猪舍形成一个密封的整体，有效地改善了冬季猪舍的环境条件。这种塑料大棚猪舍建造简单，投资少，见效快，在农村小型猪场和养猪户中很受欢迎。此外，还有种养结合塑料棚舍。

封闭式：通过墙体、屋顶等围护结构，形成全封闭状态的猪舍形式，具有较好的保温、隔热能力，便于人工控制舍内环境。分有窗式和无窗式。封闭式通风采光较差，设在纵墙上窗的大小、数量和结构应结合当地气候而定。

（2）按屋顶形式分。

坡式：猪舍屋顶由单面或双面斜坡构成，构造简单，屋顶排水好，通风透光好，投资少。根据屋顶坡式不同可分为单坡式和双坡式。单坡式一般跨度小，结构简单，造价低，光照和通风好，适合小规模猪场。双坡式一般跨度大，双列猪舍和多列猪舍常用该形式，一般用石棉瓦、小青瓦或彩塑瓦，造价低于平顶水泥预制件猪舍，但夏季应另设防暑降温系统，控制猪舍内温度，可采用自然通风和排风扇辅助通风。

平顶式：平顶式猪舍屋顶用水泥钢筋预混材料建造，屋顶可蓄水隔热，特别利于夏季猪舍防暑降温，缺点是防水较难做。

拱式：拱式的优点是造价较低，随着建筑工业和建筑科学的发展，可以建大跨度猪舍。缺点是屋顶保温性能较差，不便于安装天窗和其他设施，对施工技术要求也较高。多用于育肥猪舍。

（3）按猪栏排列分。

单列式：猪栏排成一列，猪舍内靠北墙设走廊，舍外可设或不设运动场，跨度较小。优点是设计简单，利于采光、通风和保暖。但单位建筑利用率稍低，不适于机械化管理。

双列式：在舍内将猪栏排成两列，中间设工作通道，有的还在两边设清粪道，多为封闭舍，主要优点是管理方便，保温良好，猪舍建设面积利用率高，便于实施机械化管理。但采光差，容易潮湿，需要良好的通风换气设计。

多列式：猪栏排成三列、四列、六列甚至八列。主要优点是猪栏集中、运输线短、工作效率高、散热面积小且容量较大而利于冬季保温。但构造复杂、采光不足、阴暗潮湿、建筑材料要求高、通风不好，必须辅以机械、人工控制其通风、光照及温湿度。多用于肥猪舍。

2. 猪舍基本结构

（1）地面。猪只直接在地面上生活，要求猪舍地面应坚固、耐久、抗机械作用力，以及保温、防潮、平整不滑、不透水、易于清扫与消毒。土质地面具有保温、富有弹性、柔软、造价低等特点，但易于渗尿渗水，难于保持平整，清扫消毒困难。石料水泥地面具有坚固平整、易于清扫、消毒等优点，但质地过硬，导热系数大，造价也较高。综合考虑，可选用碎砖铺底，水泥抹平地面为宜。地面应斜向排粪沟，坡降为 2%～3%，以利保持地面干燥。地面基础应比墙体宽 10～15 厘米。

（2）墙壁。墙壁是将猪舍与外部空间隔开的主要外围结构，对舍内温湿度保持起着重要作用。墙体必须坚固耐久、耐水、耐酸、防火和保暖性能良好，便于清扫、消毒。猪舍主墙壁厚25～30 厘米，隔墙厚度 15 厘米。不同的材料决定了墙壁的坚固性和保暖性能的差异。草泥或土坯墙的造价低、保温性能好，但其缺点是容易被雨水冲塌和猪只拱坏，补救的办法是用石料或砖砌 50～60 厘米的墙基。石料墙壁的优点是坚固耐久，缺点是导热性强，保温性能差和易凝结水蒸气，补救的办法是在墙壁上附加一层 5～10 厘米厚的泥墙皮，以增加其保温防潮性能。砖墙兼有保温性能好与防潮好、坚固性强等优点，故应尽量采用砖墙。墙内表面要便于清洗和消毒，地面以上 1.0～1.5 米高的墙面应设水泥墙裙。

（3）屋顶。屋顶起遮挡风雨和保温作用，屋顶的保温与隔热作用比墙大，它们是猪舍散热最多的部位，因而要求结构简单、经久耐用、保温性能好、防水、不透气。草质屋顶造价低，保温性能最好，但不耐用，易腐烂漏雨；石棉瓦或小青瓦双坡式屋顶保温性能不及草顶，但坚固耐用，最好要在室内加装吊顶。

（4）门窗。门是供人、猪出入猪舍及运送饲料、清粪等的通道，要求门坚固耐用，能保持舍内温度和便于出入。门通常设在畜舍两端墙面，正对中央通道，便于运入饲料和运出粪便。单列猪舍门的宽度不小于1.0米，高度1.8～2.0米。双列猪舍中间过道为双扇门，一般要求宽度不小于1.5米，高度2米。饲喂通道侧圈门高0.8～1.0米，宽0.6～0.8米。开放式的种公猪舍运动场前墙应设有门，高0.8～1.0米，宽0.8米。猪舍门一律要向外开，门上不应有尖锐突出物，不应有门槛，不应有台阶。在寒冷地区，通常设门斗加强保温，防止冷空气侵入，并缓和舍内热能的外流。门斗的深度应不小2米，宽度应比门大1～1.2米。

封闭式猪舍均应设窗户，以保证舍内的光照充足、通风良好，有助于防暑降温。窗户距地面1.2～1.5米，窗顶距屋檐40～50厘米，两窗间隔为其宽度的1倍。在寒冷地区，应兼顾采光与保温，在保证采光系数的前提下，尽量少设窗户，并少设北窗、多设南窗，以能保证夏季通风为宜。

（5）其他主要辅助结构。猪舍的送料道宽1.2～1.5米，粪道宽1.0～1.2米；饲料间、工休间和水冲式清粪贮水间等生产辅助间设在猪舍的一端，地面高出送料道2厘米。作为排污设施的粪尿沟最好设明沟，坡度要大，不能积水；如建成暗沟，要设成活动式盖，便于定期冲洗和疏通。

3. 猪舍的类型 猪舍的设计与建筑，首先要符合养猪生产工艺流程，其次要考虑各自的实际情况。生长、育肥舍均采用大栏地面群养方式，自由采食，其结构形式基本相同，只是在外形尺寸上因饲养头数和猪体大小的不同而有所变化。

二、养猪设备

准备篇

（一）猪栏

猪栏设施的结构形式分栏栅式、实体式和混合式三种，栏栅式为金属管材结构，实体式为砖混结构，混合栏一般由金属栏和砖混结构共同构成，上部为金属栅栏，下部为砖混结构。猪栏基本参数见表 1-1。

表 1-1　猪栏基本参数

猪栏种类	每头猪占用面积（米^2）	栏高（厘米）	栅格间隙（厘米）
保育栏	0.3～0.4	70	5.5
育成栏	0.5～0.7	80	8
育肥栏	0.7～1.0	90	9

（二）地板

在猪舍内有多种不同类型的地板，包括实体、部分实体/部分漏缝和全漏缝地板。实体地板一般由混凝土制成，可以铺草或不铺草，实体地板的优点是价格便宜，缺点是难以保持清洁和干燥，清除粪肥时需要高强度的劳力投入。它们对幼龄猪不适用，尤其不适于保育舍的仔猪，因为实体地板散热导致寒冷、潮湿和不卫生的环境，使仔猪体质和生产性能下降。漏缝地板的优点是能将猪和粪尿隔离，一般能产生更加清洁、干燥的环境，减少疾病发生机会，并且对幼龄猪尤其有利。此外，漏缝地板粪肥的处理需要的劳力较少，这是对粪肥产生量很高的生长育肥猪的一个重要优点。

制作漏缝地板材料的选择也很重要。目前有多种不同材料可用于制作漏缝地板，包括混凝土、木材、金属、玻璃纤维和塑料。其中混凝土地板最适合、也最广泛用于生长育肥猪。保育舍地板材料选择必须考虑可清洁性、耐久性、猪的舒适性和对生产性能的影响以及自身的成本等因素。

（三）喂饲设备

现代化养猪场较为常用的猪饲料输送系统有两种：湿料和干料输送系统。对于干料系统，粉料或颗粒料送入饲料塔中，然后用螺旋输送机将饲料输入到猪舍内的自动落料饲槽或普通食槽内进行饲喂。湿料系统由一个箱体构成，饲料和水在箱中混合成粥状或胶状，再通过管道泵送至猪栏中的饲槽。与干料输送系统相比，湿料输送系统有许多优点，包括减少猪舍内灰尘和饲料浪费、精确控制饲料量，并能提高采食量和生产性能。

饲槽设计的一个关键事项是饲槽的形状以及饲槽入口的大小和形状。入口应该足够大，以使猪不受限制地吃到饲料；饲槽的形状应该允许饲料很容易被猪获取和吃到。饲槽分限量饲槽和自由采食饲槽，自由采食饲槽的设计主要考虑饲槽中槽位空间（或采食孔）的数目，以及饲料是干喂还是在槽中放一个乳头状饮水器（称为湿—干饲槽）。每个采食孔饲喂的猪数为 4～6 头，单一槽位空间饲槽为 10 头。每头猪要求的空间部分决定于猪的肩宽，这随着猪体重的增加而明显增大。猪的饲槽有水泥饲槽和金属饲槽两大类。水泥食槽适用于饲喂湿拌料和地面圈，金属食槽多用于饲喂仔猪、哺乳栏或限制栏的母猪。限量食槽、自动落料食槽的基本参数见表 1-2。

表 1-2　食槽基本参数　　（单位：毫米）

型式		猪群种类	高度	采食间隙	前缘高度
长方形金属自动落料食槽		培育仔猪	700	140～150	100～120
		育成猪	800	190～210	150～170
		育肥猪	900	240～260	170～190
圆形自动落料食槽、		培育仔猪	620	140	150
		育成猪	950	160	160
		育肥猪	1 100	200～240	200
水泥自动落料食槽		培育仔猪	655	135	210
		育肥猪	850	210	210
限量地面食槽	前缘高度	宽度	外缘高度	前栏距外缘内距离	前栏距外缘内距离
	150	460	250	110	230

（四）供水设备

猪场需水量很大，用于猪的饮水、冲洗。清洗用水水质应达到 GB 5749—2006 的要求，饮用水需达到 NY 5027—2008 要求，所以供水、饮水设备至关重要。猪场供水设备包括水的提取、贮存、调节、配送等部分，即水井提取、水塔贮存和输送管道等。猪场的供水系统主要包括猪饮用水和清洁用水的供给，一般共用同一管路。供水可分为自流式供水和压力供水。目前应用最多的是通过压力供水的鸭嘴式自动饮水器，普通栏、保育栏饮水器应安装在靠排粪尿栏墙旁（安装高度见表 1-3）。猪场供水设备中的所有塑料件应采用 PVC 无毒塑料，其材质应符合 HG/T 2903—1997 的要求。

表 1-3　饮水器安装高度

猪的体重范围（千克）	水平安装（毫米）	45°倾斜安装（毫米）
5～15	300～350	400～450
15～30	400～450	500～550
30～50	500～550	600～650
50～100	600～650	600～700
100 以上	700～750	700～800

（五）通风、加热、降温设备

1. 通风设施　自然通风不能满足猪舍环境要求时，必须采用机械通风。机械通风系统需要适当地选择风机，以提供适合当地气候条件的通风率；适当地选择进风口，以令进入的新鲜空气均匀地分布和混合。通风率必须随外界温度的变化而变动。外界气温低时，实施最低的通风率，以移除舍内的湿气和污染物，但不至于丧失大量的热量。随着外界气温逐渐上升，需要较多的换气以使猪舍凉爽，因此应开启较多的风扇组，逐渐将换气率从最小增至最大。目前，猪舍的通风换气系统常见的有负压通风、常压通风及管道式压力通风等形式。机械通风以负压通风投资少，安装简单，通风效率高。风机设在猪舍山墙上或靠近山墙的两纵墙上，进风口则设在另一端山墙上或远离风机的纵墙上，用一台或数台通风机通过墙壁、屋顶或地板下面的管道将圈舍的空气抽出，同时通过墙上或屋顶的进气口向舍内输送新鲜空气，并且通过调节进风与出风口的开启程度来改变通风换气的速度。

2. 采暖保温设施　采暖保温设施一般分为集中采暖和局部采明两种形式。集中供暖设备包括热水散热器、地热供暖、热风炉和太阳能式空气加热器。局部采暖包括箱式或辐射加热器，它们只控制猪周围的环境而不是整栋猪舍，主要用于产后哺乳仔猪和保育仔猪的局部供暖设施，如红外线灯．自动恒温电热板，将其放置在分娩栏和保育栏的保温箱内，供热效果更好。红外线灯一般要用250瓦，并安装温控开关和调节灯具吊挂高度来调节对小猪群的供热量。

3. 降温设施 猪的降温有通风降温、湿帘降温和喷淋/滴水降温三种。当舍内温度不很高时，采用空气循环风扇，为猪提供流经其身体足够的空气。空气循环扇可以悬吊在天花板上，把风水平方向横吹到猪身上；它们也可以是天花板上的桨片状风扇，把空气向下吹到猪体。当气温开始趋热，猪就必须加强蒸发散热。喷淋系统是把猪皮肤弄湿的最佳方法之一。喷水器的喷嘴需要产生较大的水滴，这样水才能透入猪毛渗到猪的皮肤上。间歇开与关的喷水器系统效果令人满意，也就是让喷水器开启仅2～3分钟，接着关闭半小时，任水蒸发。许多养猪场采用温度自控喷淋器系统，每个猪圈用一个喷淋器，安置在离地面上方约1.75米处，根据温度设定定时操纵喷淋系统开启。对于一个养10头猪的圈要用一个每分钟喷水1.7升的喷嘴；每圈20头猪，用每分钟喷水3.4升的喷嘴；每圈30头，则用5.1升的喷嘴。

通风降温系统与滴水或喷淋降温系统联合应用效果更好，因为高速气流大幅度提高猪皮肤水分的蒸发率。

（六）粪尿处理设备

要使现代化养猪场的环境污染减少到最低限度，就必须对猪的粪尿进行处理，配置必需的粪尿处理设备，主要包括粪尿收集输送系统、固液分离系统、粪尿沉淀净化处理系统。目前现代猪场的清粪方式一般采取粪、尿（污水）分流。国内外对固液分离技术进行了大量的研究，成套的技术设备主要有以下几种：斜板筛、转动筛、过滤分离、挤出式分离机和带式压滤机等。干粪人工收集装入编织袋运出舍外统一用于种植业，尿及冲洗栏舍的污水经粪沟流入污水处理设施净化处理（或粪尿集中进入沼气池发酵）。

（七）清洁消毒设备

猪场疫病和污染都比较严重，节能、节水的清洁、消毒设备对减少猪场疫病和减轻环保压力非常重要。这些设备主要包括高压地面、围栏冲洗机，压力应达到400～600千帕。试验表明，压力达500千帕的冲洗机与200千帕的相比，可节水50%以上，且冲洗得更加干净。一般选配国内已定型生产的高压清洗机或由高压水泵、管路、带快速连接的水枪组成的高压冲水系统。各种消毒机，一般选配国内已定型生产的机动背负式超低量喷雾机、手动背负式喷雾器、踏板式喷雾器，当在疫情严重的情况下，可选配国内已定型生产的火焰消毒器、各种节水型粪沟冲水器。

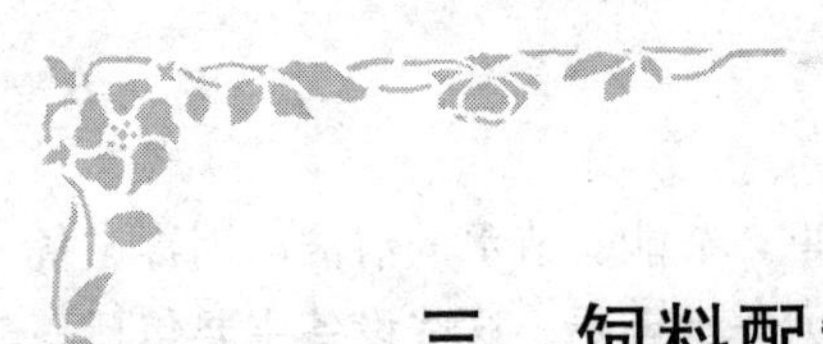

三、饲料配制与生产

准备篇

（一）猪的饲料

根据饲料的营养特性将猪的饲料分为7类：能量饲料、蛋白质饲料、粗饲料、青绿饲料、矿物质饲料、维生素饲料和饲料添加剂。

1. 能量饲料 在干物质中粗纤维含量低于18%，蛋白质含量低于20%的谷实类、糠麸类以及块根和块茎、瓜果类都属于能量饲料。能量饲料一般蛋白质含量低，氨基酸含量不平衡，特别是限制性氨基酸含量较低，所以必须与优质蛋白质饲料配合使用。

能量的摄取量与增重之间有着密切的关系。如育肥猪能量的摄取过剩，可因脂肪的过量蓄积而降低肉的质量。相反，若能量摄取不足，轻者浪费蛋白质饲料，重者造成体内脂肪和蛋白质代偿性分解，使体重下降，更严重时还会妨碍动物正常生长发育，以及导致各种繁殖障碍。所以，在配制饲料时，应注意保持能量与蛋白质以及其他营养物质的平衡。

玉米：玉米产量高，用量大，有效能值高，是养猪生产中用量最多的饲料，一般占配合饲料的40%～70%。玉米作为饲料的突出特点是可利用能值高，玉米粗纤维含量少，仅2%，而无氮浸出物高达72%，主要是淀粉，消化率高。脂肪含量高，达3.5%～4.5%。玉米的可利用能值是谷类籽实中最高的，因而享有“饲料之王”的美誉。玉米的主要缺陷是蛋白质质量较差，氨基酸不平衡，尤以赖氨酸和色氨酸含量较低，且其所含淀粉质量也较差，往往对猪的脂肪有不良影响，无机盐及微量元素含量都比较低，所以使用时应与其他饲料原料合理搭配。据测定玉米水分含量在14%以上，贮藏温度达20℃以上时，极易发生霉变，特别是黄曲霉菌产生的黄曲霉毒素，是一种强烈的有毒致癌物，对人、畜有很大威胁。所以，在配制饲料时，不要使用发霉变质的玉米。

高粱：高粱主要产于辽宁、黑龙江。高粱与其他谷实类相比，粗脂肪含量相对较高，有效能值仅次于玉米、小麦。不足之处是高粱的蛋白质质量较差，特别是高粱种皮中含有较多的单宁，具有苦涩味，是一种抗营养因子，会阻碍能量和蛋白质等养分的利用，适口性也较差。高粱中的单宁含量因品种而异。一般褐色品种单宁含量为1.3%～2%，黄色品种中含量为0.09%～0.36%，白色品种含量在0.04%～0.06%。在采用高粱做猪饲料时，应考虑适口性和单宁含量。

大麦：大麦分皮大麦和裸大麦两种。这两种大麦的有效能值都不如玉米和高粱，但是蛋白质质量较好，赖氨酸含量比玉米、高粱约高1倍。皮大麦中粗纤维和粗灰分含量较高，影响其利用率。两种大麦中钙、铜含量较低，但铁含量比较高。大麦整粒饲喂不易消化，整喂整拉，所以应经粉碎。由于大麦脂肪含量低、蛋白质含量高，用大麦饲喂可以获得高质量的硬脂胴体。裸大麦易感染真菌中的麦角菌，造成畸形籽实，并含有麦角毒，降低适口性，甚至引起动物中毒。中毒症状表现为坏疽症、痉挛、繁殖障碍、生长抑制、呕吐及咳嗽等。美国规定麦角毒最高允许量为0.3%，发现大麦含畸形粒太多时应慎重使用。对种猪应避免使用大麦，以防麦角毒引起繁殖障碍、流产和无乳。

准备篇

小麦：小麦有效能值与玉米近似。粗蛋白质含量高于玉米、高粱。各种限制性氨基酸也高于玉米。小麦中锰、锌含量较高。小麦作为猪饲料时，实际能值变异很大，其原因在于小麦中淀粉性胚乳细胞壁的主要成分为一种可溶性多糖——阿拉伯木聚糖。所以，小麦饲用不当时，饲养效果就很不理想。小麦赤霉病在我国和世界上都有发生，感染此病的麦粒灰色带红，麦粒空心，表皮发皱。赤霉菌可以引起人、猪和其他一些动物的急性中毒，出现呕吐等症状。我国粮食用小麦标准规定，小麦赤霉病粒最大允许含量为4%。所以，采用小麦做猪饲料时，应注意小麦赤霉菌的含量。

稻谷、糙米、碎米：稻谷即带外壳的水稻或旱稻的种子，稻谷中的粗蛋白质和限制性氨基酸含量较低，有效能值在各种谷物类饲料中也是较低的一种。糙米、碎米的有效能值比稻谷高18%～25%，粗纤维、粗灰分比稻谷明显偏低。稻谷的外壳俗称砻糠，含有大量的木质素和粗纤维，没有实际营养价值。经过大量试验证明，用砻糠饲喂反而增加能量的消耗，砻糠饲喂过多，引起大便干涩、排便困难、脱肛等。在先进国家都用脱壳以后的糙米作为饲料，但我国受经济因素的制约，一般不这样做。

甘薯干：甘薯干含有丰富的淀粉，有效能值与稻谷近似，适合于作为能量饲料。不过用患有甘薯黑斑病的薯块和用病薯干制粉或酿酒所剩余的糟渣饲喂，会引起小猪的喘息症，大猪也会出现腹痛症状。这是由甘薯黑斑病霉菌产生的一种苦味物质引起的，目前尚无特效疗法。所以，无论患黑斑病的薯块还是其制粉、酿酒所剩的糟渣，都不能作为猪饲料。

木薯干：木薯干含有丰富的碳水化合物，有效能值可与糙米、大麦媲美，但是蛋白质含量低、质量差，无机盐、微量元素含量均较低。木薯分甜木薯和苦木薯两种，均含有易溶于水的亚麻苦苷，经酶的作用或遇稀酸游离出氢氰酸（HCN）。苦木薯中含氢氰酸0.02%～0.03%，而甜木薯中氢氰酸含量不到0.01%，不需去毒，干燥后可供饲用。氢氰酸具有抑制呼吸机能的作用，使脑细胞缺氧引起中枢神经系统受损而导致死亡。一般猪食入0.1～0.2克，可在数分钟之内死亡。但木薯经过水浸可溶去亚麻苦苷，经过蒸煮、干燥也可使氢氰酸消失。据报道，木薯中氢氰酸含量在60毫克/千克时，经过煮沸30分钟以上氢氰酸可全部消失。在猪饲料中搭配15%～20%木薯，对胴体质量没有不良影响。

小麦麸：小麦麸俗称麸皮，是小麦粒制粉后的副产品。常规小麦麸及低纤维小麦麸中赖氨酸等必需氨基酸含量均较高，含有较丰富的铁、锌、锰，但磷绝大部分是植酸磷，不利于吸收。小麦麸中还含有丰富的维生素E、尼克酸和胆碱。小麦麸质地疏松，因此在猪的配合饲料中，可以调节营养浓度与改变饲料的容重。小麦麸还有轻泻作用，产后母猪给予适量的麸皮粥，可以调养消化道的机能。由于小麦麸吸水性强，如干饲大量的麸皮可引起便秘。

米糠和米糠饼：米糠是糙米加工精米时分离出来的种皮、糊粉层和胚的混合物，其营养价值视米的精白程度而异。加工的精白米越白，则胚乳中的物质进入米糠的成分越多，米糠的能量价值越高。米糠中粗蛋白质含量约13%，粗脂肪含量约17%，有效能值仅次于稻谷。米糠中含有不饱和脂肪酸，易酸败、不易保存。米糠经榨油后的副产品称为米糠饼。经过烘炒、蒸煮、预压等工艺，米糠饼的适口性和消化性能都有所改善，除减少了部分脂肪及维生素外，其他营养成分基本保留。试验证明，用米糠饼饲喂还可避免由于饲喂米糠时使猪肉脂肪发软、变黄的缺陷。米糠经榨油后，虽能量有所降低，但有利于保存。米糠饼是我国南方猪配合饲料的重要来源之一。米糠和米糠饼中氨基酸含量高，特别是含硫氨基酸。其微量元素如铁、锰、锌含量也较丰富。缺陷是钙、磷比例极不平衡，磷大于钙20倍以上，其中植酸磷含量高，不利于其他元素的吸收利用。

准备篇

2. 蛋白质饲料 猪在生长发育、新陈代谢、繁殖过程中，需要大量的蛋白质来满足细胞的生长、分裂、更新、修补要求，蛋白质是不能用其他养分代替的重要养分。一般说来，蛋白质饲料可分为两大类，一类是油类籽实经提取油脂后产生的饼（粕），另一类则是屠宰厂或鱼类加工下脚料经油脂提取后产生的残留物。

我国蛋白质饲料不足，且随着畜牧业的发展日益严重，特别是豆饼、鱼粉等优质蛋白质饲料。但是近几年来，经过反复试验研究，可用脱毒、去壳、灭酶等手段利用棉籽饼和菜籽饼。还挖掘了工业副产品、畜禽屠宰副产品及一些单细胞蛋白质等饲料，经过合理搭配，使其达到“理想蛋白质”水平，完全或部分替代鱼粉、豆饼等蛋白质饲料，也可以获得同样的生产效果。

豆饼（粕）：豆饼（粕）是以大豆为原料，榨取或提取油脂后的副产品。是猪日粮中首选的蛋白质源，玉米—豆饼（粕）饲粮在配合饲料中占有较大的比重。豆饼（粕）中粗蛋白含量一般在40%～48%，且消化率很高。其蛋白质中丰富的赖氨酸含量完全可以补充谷实类、块根块茎类饲料中赖氨酸的不足。蛋氨酸含量相对较少，是第一限制性氨基酸。豆饼（粕）还含有丰富的铁和锌。大豆未经加工时其蛋白质中含有胰蛋白酶抑制因子，影响蛋白质的利用和吸收。这种胰蛋白酶抑制因子可因焙烤、水煮或挤压而被破坏。豆粕在加工过程中都经过处理，所以豆粕中抗营养因子的活性就大为降低了，但在加工过程中，加热不足和过度均会降低蛋白质生物学价值，加热不足主要是因为抗营养因子破坏不够引起的，而加热过度则主要和氨基酸利用率下降有关。所以，大豆在加工过程中加热是至关重要的环节，判断大豆是否适当加热的方法有脲酶活性测定法和蛋白质溶解度法。大豆饼（粕）中的微量元素含量受大豆原料、加工方法、产地等因素的影响。大豆粕还含有大量不可消化的寡糖，如棉籽糖和水苏糖。这些糖在大肠和盲肠中微生物的作用下，会产生气体而引起胀气，微生物代谢产生的渗透活性物质会使粪变软（但不是稀粪）。

棉籽饼（粕）：棉籽饼（粕）是棉籽榨油后的副产品。去壳的棉籽饼中含40%左右的粗蛋白和较丰富的磷、铁、锌，因此棉籽饼（粕）是当前养猪业蛋白质饲料的重要来源之一。棉籽粕的蛋白质中缺乏赖氨酸、蛋氨酸、苏氨酸，并还临界缺乏色氨酸。此外，棉籽粕中还含有大量纤维。棉籽饼（粕）中含有的0.04%～0.08%游离棉酚，是一种有毒物质，猪连续数周采食棉酚后就会产生中毒症状，继而很快死亡。棉酚只有在被吸收后才会使猪中毒。棉籽饼（粕）中的棉酚含量与棉花的品种、生长的土壤、气候及棉籽的加工方法均有很大关系。用直接浸提法提取油脂后产生的棉籽粕中具有高含量的游离（或是可吸收的）棉酚。棉籽用螺旋机榨和预压浸提或者螺旋机榨后再浸提时产生的热量会使棉籽中大量游离棉酚与赖氨酸中的第五位氨基相结合而不易被消化吸收。因此，饲喂压榨法产生的棉籽粕，猪就很少会中毒，但却会生长缓慢，因为赖氨酸的消化率降低了。为保证猪的生长性能达到合理的水平，使棉酚脱毒后还应在日粮中添加赖氨酸。

棉酚在肠道中与铁盐发生反应从而使游离棉酚不被吸收。因此，在日粮中添加硫酸亚铁（与游离棉酚的重量比为1∶1）可以达到缓解毒性的效果。

我国国家标准中有关饲料卫生标准规定：在肉猪配合饲料中，游离棉酚的含量不得超过60毫克/千克。

菜籽饼（粕）：菜籽饼粗蛋白质含量约为38%，粕中的粗蛋白质含量约比饼含量高出2%～3%。菜籽饼（粕）中赖氨酸含量介于豆饼与棉籽饼之间，色氨酸含量较低，但含硫氨基酸却比豆饼、棉籽饼都高。微量元素中含硒量较高，此外，铁、锰、锌的含量也比较丰富。

菜籽饼（粕）中含硫葡萄糖苷，经芥子酶水解后产生有害物质。因此，菜籽饼（粕）在猪饲料中的用量限制在10%以下。

不同品种的菜籽含毒量也有差异，目前尚未找到好的脱毒方法。根本途径须从普及应用无毒或低毒油菜品种着手。如加拿大的双低菜籽托尔（tower）和堪多尔（candle）就属于低硫葡萄糖苷、低芥酸品种。它们除“双低”外，粗纤维含量也较低。“双低”菜籽饼（粕）中粗蛋白质及各种氨基酸含量均比普通菜籽饼（粕）中稍高。

经许多试验证明，“双低”菜籽饼（粕）在肉猪日粮中可以用到18%，饲喂提前断奶的仔猪可以用到25%。

花生饼（粕）：花生饼（粕）粗蛋白含量比豆粕高，达45%～55%，氨基酸含量比较平衡，适口性好、利用率较高，含有丰富的铁。但花生油的熔点较低，喂残油多的花生饼容易产生软脂猪肉。花生收获后往往因翻晒和贮存不当而发霉变质，产生黄曲霉毒素，这是一种剧毒致癌物质。猪对这一毒素很敏感，不能使用发霉变质的花生饼饲喂。我国国家标准中规定猪配合饲料中黄曲霉毒素 B_1 的允许量为小于或等于 0.02 毫克/千克。

鱼粉：鱼粉属于动物性蛋白质饲料，鱼粉是以全鱼或鱼的下脚（鱼头、尾、内脏等）为原料，经过蒸煮、压榨、干燥、粉碎加工后的粉状物。鱼粉的营养价值因鱼种、加工方法和储存条件不同而有较大差异。鱼粉含水量变异幅度大，平均为10%，它取决于加工中的干燥法。鱼粉含水量以低为好，但含水量太低说明加热过度，影响消化利用率。进口鱼粉粗蛋白质含量在60%以上，国产鱼粉中等水平含粗蛋白质约50%。鱼粉是一种限制性氨基酸含量丰富的蛋白质饲料。优质鱼粉中含有丰富的铁、锌、硒、钙、磷等元素，鱼粉的价值主要是提供赖氨酸、含硫氨基酸及色氨酸等限制性氨基酸，鱼粉的消化率通常很高，除非其中的蛋白质在加工过程中因受到过度的高热而被破坏。鱼粉中的大部分脂溶性维生素在加工时被破坏，但仍保留含量相当高的B族维生素。鱼粉含粗脂肪为5%～12%，一般在8%左右。许多鱼粉是用鱼制作罐头后的下脚经提取油脂后制得的，所以鱼粉原料在制作鱼粉之前就发生了腐败。因此，对鱼粉必须经常监测其中挥发性胺类物质以及腐胺和尸胺的浓度，以此作为鱼粉的质量检验标准。

肉粉和肉骨粉：肉粉和肉骨粉是用死畜或屠宰及肉品加工下脚制成的，其营养价值因所用原料及所用加工方法的不同而有很大的不同。一般来说，肉骨粉中缺乏苏氨酸、色氨酸和含硫氨基酸。优质肉骨粉则仅缺乏色氨酸以及临界缺乏苏氨酸。

还有许多别的蛋白质源也可用于猪的日粮之中，比如全血粉、全血细胞、猪血浆蛋白质、羽毛粉、猪毛粉、孵化厂下脚、奶制品以及许多其他工业副产品。只要这些材料的营养价值得到了适当的考虑，那么这些材料的每一种都可用来饲喂。

3. 粗饲料 凡饲料的干物质中粗纤维含量在18%以上的农副产品、干草、糟渣、树叶等都属于粗饲料。这类饲料养分含量少，并含有大量的不易消化的纤维素，大部分不宜做猪饲料，但是有些粗饲料，如槐叶粉、苜蓿草粉等粗蛋白质含量在16%以上，有效能值可以与糠麸类相比。特别是优质苜蓿草粉的蛋白质质量相当高，其中氨基酸模式与猪的需要相似。因此，用优质苜蓿草粉配制的饲料，基本上无需考虑用别的饲料对苜蓿的氨基酸平衡进行调整。

4. 青绿饲料 天然水分含量在60%以上的青绿多汁饲料，如天然与人工栽培的牧草、叶菜类、树叶，非淀粉质的块根、块茎，瓜果类都属于青绿饲料。青绿饲料有人工种植的和野生的，如苜蓿、草木樨、树叶嫩枝，水生植物（红萍），野草野菜（灰菜、苦荬菜等），块根、块茎（甜菜、马铃薯、胡萝卜、南瓜）等。青饲料来源广，数量多，容易消化，猪也爱吃，可与配合饲料一起喂。青饲料含无机盐比较丰富，钙、磷、钾的比例适当。日粮中有足够的青饲料，猪很少发生因缺乏无机盐而引起的疾病。青饲料是常用的维生素补充饲料，它们含有丰富的胡萝卜素、维生素C、B族维生素等。青饲料无污染的情况下，最好不要洗，防止水溶性维生素损失。青饲料不能煮熟后饲喂，因高温会使大部分维生素、蛋白质遭到破坏，加热后还会加速亚硝酸盐的形成，猪吃后易中毒。各种青饲料可打浆使用。打浆的饲料猪喜欢吃，有利于消化吸收。树叶一般春季采集的嫩鲜叶适口性好，营养价值也高，夏季的青叶次之，秋季的落叶最差。

5. 矿物质饲料 以提供矿物质元素为目的的饲料称矿物质饲料，又分常量矿物质饲料和微量元素两大类，前者如骨粉、石粉、贝粉、食盐等，后者如铁、铜、碘、钴、锌、硒等。

(1) 食盐。食盐是补充钠、氯最简单、价廉和有效的添加源，饲料用食盐多属工业用盐，含氯化钠95%以上。食盐在猪配合饲料中用量一般为0.25%～0.5%。食盐不足，可引起食欲下降，采食量低，并导致异食癖；食盐过量时，只要有充足饮水，一般对动物健康无不良影响，但若饮水不足，也可能出现食盐中毒。使用含食盐量高的鱼粉、酱渣等饲料时应降低饲料中的食盐用量。

(2) 钙、磷补充料。在常规日粮中钙、磷均需补充，且钙补充量大于磷。

含钙的矿物质饲料有：①碳酸钙，碳酸钙为优质石灰石制品，沉淀碳酸钙是石灰石锻烧成的氧化钙，经水调和成石灰乳，再经二氧化碳作用而合成的产品。②石粉，石粉俗称钙粉，主要成分是碳酸钙，含钙不低于33%，一般而言，碳酸钙颗粒越细，吸收率就越好。③贝壳粉，贝壳粉是牡蛎等去肉后的外壳经粉碎而成的产品。优质的贝壳粉含钙高、杂质少、灰白色，杂菌污染少。但如果肉质未除尽或水分高，放置过久就会腐败发霉。贝壳粉常掺有沙砾等异物，使用时应注意检查。贝壳粉的主要成分含量为：水分0.40%、钙36%、磷0.07%、镁0.07%、钾0.10%、钠0.21%、氯0.01%、铁0.29%。

既含钙又含磷的矿物质饲料：①骨粉，以家畜骨骼为原料制成，其成分因加工方法而异。经蒸汽高压蒸煮灭菌后，再粉碎而制成的产品（蒸制骨粉）一般为黄褐色或灰褐色，钙含量为24%～30%，磷含量为10%～13%，蛋白质为10%～13%。脱胶骨粉是家畜骨骼经404千帕高压处理，无异味，呈白色粉末，含磷量也较蒸制骨粉有所提高。②磷酸盐类，比如磷酸氢钙、磷酸钙。

6. 维生素饲料　维生素饲料主要指工业合成或提纯的脂溶性维生素和水溶性维生素。不包括天然维生素来源的饲料，如富含维生素的青绿饲料和青贮饲料等。维生素多数稳定性不高，在饲料的加工和贮存过程中，容易造成损失和效价降低。为了保证动物摄食到足量的维生素，一般都应超量添加。由于不同维生素的稳定性不同，其保险系数也不一致。目前维生素制剂有单项维生素和多种维生素预混剂，应用时可根据实际情况确定选用。

7. 饲料添加剂　这里指的饲料添加剂不包括营养性饲料添加剂，主要是抗氧化剂、着色剂、防腐剂、生长促进剂、驱虫剂、抗菌剂、激素等。饲料添加剂的选用要符合安全、经济和使用方便的要求。用前要考虑添加剂的效价和有效期，还要注意限用、禁用、用量、用法、配合禁忌等规定。

（1）饲料添加剂使用的基本原则。①长期使用，不产生急、慢性毒害等不良影响。②有确实的经济效益。③在饲料和动物机体中，应有较好的稳定性。④不影响饲料的适口性。⑤在畜产品中的残留量，不能超过规定标准，不得影响畜产品的质量和人体健康。⑥不导致种畜生殖生理的改变和影响胎儿。⑦所用化工原料中，有毒金属含量不得超出允许限度。⑧维生素含量等不得低于产品标签标明的含量。⑨需在有效期限范围内使用。

（2）饲料添加剂的使用方法。饲料添加剂的种类很多，而且随着我国饲料工业的发展，用于各类畜禽不同目的的添加剂种类也将愈来愈多。使用添加剂时要注意以下几点：

①添加剂是按各类畜禽对各种不同物质营养需要或不同目的配制的。因此，要严格按使用说明书应用。

②添加剂用量，一般为基础饲料的 0.25%～2%，现在有的料精（实际为超浓缩饲料）达 5%～6%，有些微量成分只用到千万分之几，而且需要量与中毒量接近。因此，使用时一定要按照说明书的用量与基础饲料搅拌均匀后使用，否则容易发生毒害。在农村，没有搅拌机采用人工方法搅拌时，拌和的方法可采取逐步多次稀释法。如 500 克添加剂拌入 100 千克饲料时，先把 500 克添加剂放入 2 千克、4 千克、8 千克饲料，拌匀后再与大批的饲料拌和。

③添加剂一般由化学物质及药品组成，不宜存放过久，贮存时要防潮、防热，不要与碱性、酸性物质以及有毒、有害物质放在一起。对含有维生素的添加剂，要避光保存，防止维生素在紫外线照射下分解失效。

④对一些含有促生长剂和抗生素的添加剂，在畜产品上市前半个月应停止使用。

(3) 饲料添加剂的种类。这里主要介绍非营养性饲料添加剂，包括抗生素、酶制剂、微生态制剂、驱虫保健剂、饲料保存剂及诱食调味剂等。

①抗生素。在现代的动物养殖中，使用抗生素是预防疾病、促进生长和提高饲料转化率的重要的手段之一。在猪的日粮中常用的抗生素药物有：喹乙醇、杆菌肽锌、硫酸黏杆菌素、泰乐菌素、土霉素、金霉素、黄霉素、青霉素等。随着人们对食品和环境质量要求的不断提高，抗生素饲料添加剂所带来的巨大经济效益后面所隐藏的弊端逐渐被重视。诸如抗生素引起的内源性感染和二重感染，细胞耐药性的产生，畜禽免疫力下降和畜产品及环境中药物残留等都对养殖业、饲料工业和人类健康产生负面影响。因此，很多国家和地区都颁布禁用抗生素的命令。一些有效克服抗生素添加剂弊端，具有促生长作用的替代品不断被开发出来，益生素（活菌制剂）、低聚糖（化学益生素）、酶制剂、中草药等即是其主要代表。

②酶制剂。用作饲料添加剂的酶，可以帮助动物更好地利用饲料中的蛋白质、淀粉、脂肪和纤维素等。饲用酶制剂主要分为两大类：复合酶和植酸酶。复合酶中存在多种酶活，其中主要为非淀粉多糖酶（NSP 酶），某些产品还含有一些外源消化酶，如蛋白酶（胃蛋白酶、胰蛋白酶等）、淀粉酶（有 α-淀粉酶、β-淀粉酶和支链淀粉酶）等。NSP 酶包括半纤维素酶、纤维素酶和果胶酶等。半纤维素酶又包括木聚糖酶、β-葡聚糖酶、甘露聚糖酶等。复合酶中的各种酶活起着互相补充、相辅相成的作用，在各种酶的共同作用下，动物饲料中的一些抗营养因子被破坏，其抗营养作用消失，因而可以促进动物的生长，提高动物的免疫力，增进动物健康。由于幼猪断奶应激和消化机能不完善，酶制剂的效果更明显。对猪的试验表明，添加微生物植酸酶后猪回肠的蛋白质和必需氨基酸的表观消化率提高了1%～2%；在仔猪或育肥猪的小麦或大麦基础日粮中添加 β-葡聚糖酶和木聚糖酶，可减少非淀粉多糖产生的黏性物，提高能量、磷和氨基酸的利用率。

③微生态制剂。微生态制剂是近些年发展起来的一种新型的饲料添加剂，无毒副作用，无耐药性，无药物残留，具有保健、促进生长、提高饲料利用率等功效，作为一种可望取代抗生素的天然的生物活性制剂，是当前最具发展前景的新型绿色饲料添加剂。目前配合饲料中添加微生态制剂主要有三种类型：乳酸菌类，目前主要应用的有嗜酸乳杆菌、粪链球菌、双歧乳杆菌等；芽孢杆菌类，芽孢杆菌是好氧菌，可形成内生孢子，主要应用的有芽孢杆菌、短小芽孢杆菌、枯草芽孢杆菌、蜡样芽孢杆菌等；酵母菌类，动物体内酵母菌仅零星存在于动物胃肠道微生物群落中，饲用酵母菌有增强动物食欲、提高饲料消化吸收率、减少粪便中病菌数量、改善养殖环境的作用，主要应用的有酿酒酵母和石油酵母等。

④驱虫保健剂。驱虫保健饲料添加剂是一类起治疗和预防作

用的抗寄生虫药物，这些药物在低剂量使用时既可预防寄生虫侵袭，又可促进畜禽生长，提高饲料效率；当高剂量使用时主要是驱虫作用。常用的有拉沙里霉素、越霉素A、潮霉素B、盐酸氨丙啉、盐霉素、摩能霉素等。

⑤酸化剂。酸化剂主要用来改变早期断奶仔猪的生产性能。在断奶仔猪日粮中添加1%～2%柠檬酸和延胡索酸，可提高饲料利用率5%～10%，提高增重4%～7%，降低仔猪腹泻率20%～50%。仔猪日粮加酸的效果与酸化剂的种类、添加量和饲粮类型有关。延胡索酸的适宜添加量为饲粮的2%～3%，柠檬酸为1%，而以乳酸为基础的复合酸化剂一般添加0.1%～0.3%。从饲粮类型看，全植物性饲粮酸化的效果比含大量动物性饲料的效果要好。

⑥抗氧化剂和防腐剂。日粮中的一些成分，特别是含油脂的鱼粉以及维生素A、D、E等营养物质，由于受空气中的氧、过氧化物或不饱和脂肪酸的作用极易被氧化而发生变质和霉化。因此，为了延长饲料的贮藏期，防止饲料氧化变质，在饲料生产中常常要加入一定量的抗氧化剂和防霉剂。常用的抗氧化剂有乙氧基喹啉（山道喹）、二丁基羟基甲苯（BHT）、二丁基羟基茴香醚（BHA）、维生素E（生育酚）和抗坏血酸。防霉剂常用苯甲酸钠（安息香酸钠）、山梨酸钾、露保细盐（丙酸钙）和安亦妥。苯甲酸钠在饲料中的添加量不超过0.2%，山梨酸钾在饲料中的添加量为0.3%，露保细盐在每吨饲料可添加3～7千克，均匀混合于饲料中。安亦妥在饲料添加量为300～500毫克/千克。

⑦诱食调味剂。可改善饲料适口性，增进饲养动物食欲的添加剂。饲用调味诱食剂均是由刺激嗅觉的香气成分、刺激味觉的成分和辅助制剂组成的。

⑧流散剂。又称抗结块剂，为使饲料或饲料添加剂（如食盐和尿素）保持良好的流动性，避免结块而使用的添加剂。常用的防结块剂有硅铝酸钠、二氧化硅、沸石粉、硅酸钙等。

（二）猪日粮配合

1. 饲粮配合原则 通过饲粮配合，可为猪提供营养完善的全价日粮，从而充分发挥猪的生产潜力，提高饲料效率。在为猪配合全价饲粮时必须遵循以下几项原则：

（1）猪的营养需要量与饲料的营养价值是配合饲粮的基本科学根据。饲粮营养浓度特别是能量浓度和能量、蛋白比应符合猪的营养需要。通过饲料的调整或使用添加剂，使饲粮全面满足猪对氨基酸、矿物质、维生素和微量元素的需要。

（2）控制粗纤维含量。猪是单胃动物，对粗纤维的消化利用能力弱，故饲粮的组分中不应含有大量粗纤维，否则不仅影响饲粮利用效率、降低饲料报酬，而且会危害猪体健康，使生产性能降低。配合饲料中粗纤维含量，仔猪不超过4%，育肥猪不超过8%，公、母种猪不超过10%。

（3）饲粮容积和干物质含量应适合猪消化道容量，以免妨碍正常消化。如配合饲料体积过大，由于猪的胃肠容积有限，吃不了那么多，营养物质得不到满足。反之，如饲料体积过小，猪多吃了浪费，按标准饲喂达不到饱腹感，还会影响饲料利用率。猪对饲粮风干物质采食量（占体重百分比）大致如下：妊娠母猪2.0～2.5，哺乳母猪3.2～4.0，种公猪1.5～2.0，生长育肥猪体重50千克以下4.4～6.5，体重50千克以上3.8～4.4。

（4）饲粮应由多种饲料组成，以便使饲粮中的各种饲料在营养上相互补充，从而提高饲粮的全价性。

（5）各种饲料在配合饲粮中的比例要恰当，应不致对猪体健康、生产性能和肉脂品质产生不良影响；同时还要注意提高饲粮的适口性，适口性好，可刺激食欲，增加采食量，反之则降低采食量，影响生产性能。要保证饲料质地新鲜和品质良好，不夹杂泥、沙和有毒有害物质。

（6）因地制宜选择饲料。在养猪生产成本中，饲料费用所占的比例最大，约为70%左右。所以，在配制饲料时，既要考虑满足营养需要，又要考虑成本。可根据当地情况，选择来源广泛、价格低廉、营养丰富的饲料，降低饲养成本。

2. 饲粮配合方法 饲料配合方法有试差法、对角线法、公式法和计算机法等。试差法是最常用的一种方法。

试差法是根据经验粗略地拟出各种原料的比例，然后乘以每种原料的营养成分含量百分比，计算出配方中每种营养成分的含量，再与饲养标准进行比较。若某一营养成分不足或超量时，通过调整相应的原料比例再计算，直至满足营养需要为止。计算过程如下：

（1）查表。分别从饲养标准与饲料营养价值表中，查出每千克饲粮营养成分含量与拟用饲料原料的营养价值。

（2）试配。初步拟定各种饲料占饲粮百分比进行试配，并计算出试配饲粮中能量和蛋白质含量，然后将其与饲料标准对照求出差值。

（3）调整。调整试配日粮中的饲料配合比例或更换饲料种类，使能量和粗蛋白质含量与饲养标准规定定额相符合。通常，只要试配饲粮营养含量与饲养标准规定定额基本相符，即可不再进行调整。

（4）补充。根据需要补充预混添加剂。

现以体重10～20千克阶段仔猪为例，说明试差法配制饲料的具体步骤：

第一步：查表。体重10～20千克阶段仔猪饲养标准为消化能13.85兆焦/千克，粗蛋白质19%，钙0.64%，总磷0.54%，赖氨酸0.90%，蛋氨酸＋胱氨酸0.51%。从饲料营养价值表得出玉米、豆粕、麸皮、鱼粉、骨粉、食盐和预混料等的营养价值。

第二步：试配。初步确定各种风干饲料在配方中重量百分比，并进行计算，得出初配饲料营养含量计算结果，并与饲养标准比较。

表 1-4　每千克试配饲粮的组成和营养价值

饲料种类	配比（%）	消化能（兆焦）	粗蛋白（%）	钙（%）	磷（%）	赖氨酸（%）	蛋氨酸＋胱氨酸（%）
玉米	59	8.54	4.96	0.024	0.124	0.159	0.192
豆粕	31	4.12	13.33	0.099	0.192	0.024	0.024
鱼粉	3	0.42	1.82	0.138	0.065	0.66	0.302
麸皮	4.2	0.72	0.61	0.007	0.032	0.109	0.057
骨粉	1.5			0.45	0.195		
食盐	0.3						
预混料	1						
合计	100	13.8	20.72	0.718	0.608	0.952	0.575
饲养标准		13.85	19	0.64	0.54	0.90	0.51
与饲养标准比较		−0.05	＋1.72	＋0.078	＋0.068	＋0.052	＋0.065

准备篇

第三步：调整。

①调整消化能、粗蛋白质的需要量。与饲养标准比较结果，能量比饲养标准略低，粗蛋白质高于饲养标准。那么要减少粗蛋白质含量，增加能量，就需要减少豆粕、增加玉米配比量。饲养标准规定粗蛋白需要量为19%，表中混合料可提供蛋白质20.72%，比饲养标准高出1.72个百分点。如果用玉米进行调整，那么每千克玉米含蛋白质8.4%，每千克豆粕含蛋白质43%，调整蛋白质含量34.6%。因此，所增加玉米量为1.72/0.346＝4.97，用等量玉米代替等量的豆粕，调整后饲料配方见表1-5。

②调整钙、磷需要量。从表1-4看出，与饲养标准相比钙、磷需要量基本合适，不需要再调整。

第四步：补充。根据需要补充预混添加剂。

①氨基酸配合。猪需要10种必需氨基酸，计算起来比较麻烦。有些氨基酸通过饲料可以满足需要。因此，在实际饲养中应

注意赖氨酸和蛋氨酸+胱氨酸的需要量，从表1-4看出，与饲养标准比较结果，采用豆粕和鱼粉配制仔猪日粮，达到仔猪营养需要量，不需要再添加氨基酸了。

②维生素和微量元素需要量。维生素、氨基酸和微量元素可按标准需要用添加剂补充。

表1-5　调整后营养成分计算结果

饲料种类	配比（%）	消化能（兆焦）	粗蛋白（%）	钙（%）	磷（%）	赖氨酸（%）	蛋氨酸+胱氨酸（%）
玉米	64	9.26	5.38	0.026	0.135	0.172	0.208
豆粕	26	3.46	11.18	0.083	0.161	0.020	0.020
鱼粉	3	0.42	1.82	0.138	0.065	0.66	0.302
麸皮	4.2	0.72	0.61	0.007	0.032	0.109	0.057
骨粉	1.5			0.45	0.195		
食盐	0.3						
预混料	1						
合计	100	13.86	18.99	0.704	0.588	0.961	0.587
饲养标准		13.85	19	0.64	0.54	0.90	0.51
与饲养标准比较		+0.01	−0.01	+0.064	+0.048	+0.061	+0.077

（三）饲料的加工调制与质量检测

1. 饲料的类型　配合饲料按照营养构成、饲料形态、饲喂对象等分成很多的种类。

（1）按营养成分和用途分类。

添加剂预混料：它是用一种或多种微量的添加剂原料，包括微量元素、维生素和合成氨基酸，与载体及稀释剂一起配制而成的。预混料可供养猪生产者用来配制猪的饲粮，又可供饲料厂生产浓缩饲料和全价配合饲料。预混料用量很少，在配合饲料中添加量一般为0.25%～3%，但作用却很大，具有补充营养、强化基础日粮、促进生长、防治疫病、保护饲料品质、改善产品质量等作用。

浓缩饲料：浓缩饲料又称蛋白质补充料，是由添加剂预混料、常量矿物质饲料和蛋白质饲料按一定的比例混合而成的饲料。养猪场或养猪专业户用浓缩料加入一定比例的能量饲料即可配制成直接饲喂的全价配合饲料，浓缩饲料一般占全价配合饲料的20%～35%。

全价配合饲料：浓缩饲料加上一定比例的能量饲料，即可配制成全价配合饲料。它能满足猪的营养需要。配合饲料可直接饲喂，无需再添加其他饲料。

（2）按饲料物理形态分类。根据制成的最终产品的物理形态分成粉料、湿拌料、颗粒料、膨化料等。

（3）按饲喂对象可将猪饲料分为乳猪料、断乳仔猪料、生长猪料、育肥猪料、妊娠母猪料、泌乳母猪料、公猪料等。

2. 饲料加工与调制方法 饲料的加工与调制方法因其目的而异，一般而言，可将其方法分为物理的、化学的和微生物的三大类。

（1）物理方法。主要是通过机械和浸泡等作用，使饲料由粗变细、由长变短、由硬变软、便于猪的采食和咀嚼，减少能量消耗，从而提高饲料的利用率，具体方法有切短或切碎、粉碎或压扁、打浆、蒸煮和焙炒等。

（2）化学方法。应用酸、碱石灰水及氨水等化学药品对饲料进行处理，以分解饲料难以消化的部分，如纤维素、木质素等，并消除某些有害物质。一般来说，经过处理后的饲料在化学组成和结构上有所改变，消化率和能值有一定程度的提高。

（3）微生物法。利用饲料中沾染或人工接种的某些有益微生物的活动，为它们创造适宜的生活条件，使微生物大量繁殖生长，以达到保存和改变饲料性质的目的。它能够改进饲料的适口

准备篇

性，刺激食欲，使饲料增加某些营养物质，如维生素、菌体蛋白等，此法主要有糖化发酵、酶解、发芽等。

3. 饲料生产

(1) 青饲料加工调制。

①切碎。粗老的青草、藤蔓和大块根茎饲料，饲喂前一定要洗净切碎，一般长度以 1～2 厘米为宜。

②浸泡和闷泡。凡是带有苦味、涩味、辣味或其他怪味的青饲料，饲喂前用冷水浸泡或热水闷泡 4～6 小时后（时间过长易败坏），再与其他饲料混匀饲喂。带刺的、有寄生虫卵的水生饲料，经热水浸泡还可杀菌、灭虫。

③蒸煮。猪的饲料一般应提倡生喂，因为煮熟会增加饲养成本。但生大豆、生大豆粉与其他生豆类，须经蒸煮或焙炒后才能饲喂。通过蒸煮还可以达到消毒的目的。有些含毒的青饲料，喂前必须煮沸 10～15 分钟或在开水中氽一下，然后去水饲喂。如马铃薯的块茎及秧蔓含有龙葵素，经蒸煮可饲喂；有些野菜类青饲料含大量草酸，蒸煮后可提高饲料的消化率。

高温久煮饲料不仅不能提高营养价值，有时还可引起蛋白质变性，并使一部分维生素遭到破坏，降低饲料总的营养价值，因此，一般的精料不提倡蒸煮。

④发酵。凡无毒的青绿饲料，都可作为发酵饲料的原料。常用的发酵方法有以下 4 种：

加水发酵：也叫自然发酵。是一种最简单的发酵方法，多在夏、秋季气温较高时采用。具体做法是：把青绿饲料洗净，切碎至 3 厘米长，混匀装入缸内。每层 13～16 厘米厚，踩实，装至离缸口 33 厘米左右时，盖上草垫或木板，用石头压紧，最后加满清水就行了。发酵容器必须放在向阳温暖处，保持水面高于草面 10 厘米左右，以免原料接触空气后腐烂变质。经 3～4 天发酵，即可取用。

煮熟发酵：适于冬季在室内进行。将青饲料洗净切碎后，煮至七八成熟。然后按一层熟料一层生料逐层装入缸内，层层踩实。装至离缸口 33 厘米左右时，压上石头，加满清水，在室内温暖的地方发酵 5～7 天即可。

混合发酵：每 100 千克青饲料配合 15～30 千克糠麸、玉米轴粉或豆腐渣等。在缸内每装 12～15 厘米厚的青饲料，撒上9～18 厘米厚的糠麸等粉料。其他步骤同加水发酵。经 3～4 天发酵便可饲喂。

酒曲发酵：发酵原料除青饲料外，还有比较粗老的野草、野菜及稻草、玉米轴粉和各种树叶。先将干粗饲料切碎，按 3∶1 与切细的青饲料混合。每 100 千克混合料配备酒曲、糠麸混合物（酒曲 300～400 克、糠麸 10～15 千克），然后先在缸内装 13～16 厘米厚的混合饲料，再均匀地撒 3 厘米厚的酒曲与糠麸的混合物。层层装紧压实。装满后要严格密封，4～5 天即发酵成熟。开缸时，将表层弃去，上下翻动，混匀后饲喂。

⑤打浆。各种青绿饲料，特别是带毛刺的原料可制成青饲料浆。便于猪采食与咀嚼，有利于消化液与食糜的充分混合，从而提高饲料的消化率和利用率。例如，有些青饲料茎叶表面有刚毛、钩刺或茸毛，猪不爱吃，如果打成浆，猪就爱吃了。具体做法是先除去原料中的杂质，洗净，有些还要粉碎。在打浆机的槽内放一些清水，机器开动运转后，再将青饲料徐徐放入机槽内打浆。为增加草浆浓度，可滤去一部分水分。滤出的水浆要循环使用，避免养分流失。青饲料浆可生喂、熟喂或发酵后喂，也可与精料或干粗饲料粉混喂。

据报道，青饲料打浆生喂的猪比切碎生喂的猪采食快，干物质与蛋白质的消化率高。打浆生喂，猪吃饱需 24 分钟，切碎生喂则需 62 分钟。打浆的干物质与蛋白质的消化率分别为 63.5％和 50％，而切碎的分别为 61.2％和 42.2％。

常用的打浆机有两种。一种为干打浆机，就是鲜嫩青饲料直接放入打浆机内打成浆泥；另一种为有水打浆机，即将打浆槽内先加入清水，机器转动正常后，边加料边打浆，为了提高清浆稠度，可滤去浆水，滤出的浆水仍可再回到打浆槽中继续使用，千万不要弃之不用，因为滤出的浆水含有丰富的维生素。

（2）粗饲料加工调制。猪对粗饲料的利用率很低，但在农村仍有大量的粗饲料可用来养猪。粗饲料的加工通常有如下方法：

①青干草的晒制。用于制作青干草的植物，应适时收割。晒制成的青干草，不但含有较高的蛋白质与维生素，而且适口性好、消化率高。收割太早，产量低；收割过迟，则因茎秆变硬，粗纤维含量增高，降低了饲料的消化率。豆科饲料最适宜的青刈时间是开花初期或盛花期；禾本科作物以抽穗或扬花时收割为宜；农作物副产品应及时收割，以免叶片枯黄或脱落，养分散失。

晒好的干草为黄绿色，有芳香味，叶片完整，杂质和泥土少，饲喂前应进行粉碎。

②粉碎。各种干粗饲料经粉碎后便于咀嚼，能增加饲料与消化液的接触面，从而提高消化率。饲料粉碎时应注意以下几点：

粉碎细度：粗饲料粉碎过粗，会引起口腔、消化道炎症，而且吃后不易消化，随粪便排出，造成浪费。粗饲料的粉碎细度以通过 40 目（孔径为 0.4 毫米）的筛为宜。

饲料质量：粉碎前要剔除发霉、腐败、有毒的饲料，以免引起中毒。

保存：粉碎后的饲料需长期保存时，应进一步晒干、晾透。保存期间，要注意通风、干燥，防止霉烂、鼠害、鸟害与虫害。

③热喷。热喷饲料是将原料，如秸秆、草渣、鸡粪等物，装入热喷机内，通入高压蒸汽，使饲料温度超过 130℃，再突然降压爆破，喷射出来的产物叫热喷饲料。热喷饲料不仅提高了饲料的消化率，而且也提高了消化能。也有以灭菌、去毒为目的热喷饼类（棉籽饼、菜籽饼）等。热喷是广开饲料来源的一项新技术。但热喷要有中低压锅炉（0.5～1.0 兆帕），成本较高，耗能

较多。

（3）糟渣类饲料加工调制。

①酒糟的调制。将酒糟用酸菜水浸泡，生成乙酸乙酯，具有水果香味，可提高适口性和消化率。此外，鲜酒糟可与秕谷或其他粉碎的粗饲料混合贮藏，比例以3∶1为宜，含水量70%左右。

②醋糟的调制。将醋糟与粉碎的青、粗饲料搭配饲喂，或在醋糟里加适量石灰，使酸碱中和，提高适口性。一般喂量不超过日粮的20%。

③豆腐渣和粉渣的调制。豆腐渣中含有胰蛋白酶抑制因子，不可直接生喂，应加热煮沸10～15分钟。单喂效果不好，与谷实、糠麸、矿物质及青、粗饲料混喂效果较好。日粮中鲜豆腐渣的使用量应控制在饲料总量的20%～25%，干豆腐渣在10%以下。

（4）精饲料的加工调制。谷实类精饲料可经过粉碎（粉碎细度以通过80目即孔径为0.2毫米的筛为宜）、压扁、浸泡、焙炒等方法加工调制，也可以制成发芽饲料和糖化饲料等。

①发芽饲料的制作。选新鲜大麦、燕麦、小麦等，洗去杂质，装入缸内，用30～40℃温水浸泡24小时，等麦粒充分膨胀后捞出，摊在能渗水的容器内，厚度不超过5厘米，保持在20～25℃，每天早晚用15℃的清水各冲洗一次，经3～4天即可出芽。在初萌芽而尚未盘根前，每天翻动1～2次，并覆盖麻袋或草帘。一般经过6～7天，芽长3.6厘米时即可饲喂。长芽（6～8厘米）饲料含维生素多，可作为冬、春季节幼猪的维生素补充饲料；短芽（1～2厘米）饲料则富含各种酶，用作消化剂和制作糖化饲料。

②糖化饲料的制作。将玉米、高粱、薯干等粉碎后，加入2%的麦芽曲（大麦浸泡3～4天后发芽、干燥、磨粉而成），装入木桶或缸内，按1∶2.5的比例，泡入80～85℃的热水，使桶内温度保持在60℃，然后加盖，经3～4小时糖化而成。

此法主要是利用淀粉酶，将饲料中的淀粉转化为麦芽糖。一般可提高糖分 8%～12%。制成的糖化饲料具有酸、甜、香味，能增进食欲，提高采食量和消化率。

③膨化饲料的制作。也是利用高温高压处理饲料，以提高饲料消化率的方法之一。多用于含淀粉多的精料，膨化后饲喂幼猪。膨化时所需压力较热喷低，可以不用中压锅炉，而单用膨化机，设备较简单。

④混合粉料的制作。将组成日粮的饲料全部磨成粉状，然后加入添加剂，将饲料混拌均匀。其优点是猪不挑料，不易变质，可节省劳力，利于机械化饲养方式喂养。但干粉饲喂时由于粉尘大，易于引起呼吸道疾病，而且浪费大。

⑤湿拌饲料的制作。湿拌饲料优于干粉饲料，适口性好，但易变质，必须现喂现拌，保持新鲜，防止腐败或冻结。调制时要注意干湿合适，夏季湿一些，冬季干一些。但仍有较多的浪费，如能与青饲料掺和，发酵后再喂，可使饲料具有酸香味，或使粗硬饲料变软，提高饲料的适口性和消化性，可以刺激猪多采食青饲料，提高饲料的利用率。

⑥颗粒饲料的制作。断奶后 60～70 日龄的育成猪，最好用颗粒饲料进行饲喂。试验证明，用颗粒饲料饲喂要比用干粉料饲喂效果好。它既可以减少饲料不必要的损失，又可以让猪有充分咀嚼的时间，从而提高饲料的消化率。

4. 饲料质量检测指标 饲料是满足猪营养需要的保证，饲料的营养缺乏、不平衡或有毒有害物质的存在，不但影响猪的生长、繁殖，甚至危及猪的健康，严重影响猪场的经济效益。

(1) 外观检测。对饲料原料和配合饲料外观检测是首要的一步，也是最简单、最初步的检测方法。检测的项目主要有：

①视觉。观察饲料的形状、色泽，有无霉变、虫子、硬块、异物、夹杂物等。

②嗅觉。饲料是否有腐臭、酸败、焦化味道。

③味觉。通过舌舔和牙咬检查饲料的苦、辣、酸、甜、咸味道。

④触觉。通过手捻，觉察饲料的粒度大小、硬度、黏稠性，有无夹杂物及水分的多少。

⑤显微镜检测。是根据外表特征或细胞特点，对单独或者混合的饲料原料和杂质进行鉴别和评价。判明原料的纯度和质量。该法设备简单（用 50～100 倍放大镜和 100～400 倍立体显微镜），快速准确，分辨率高，费用低，较易实现。

(2) 化学分析。化学分析的项目包括水分、粗蛋白质、粗纤维、粗灰分、粗脂肪、矿物质、氨基酸等成分。对豆饼（粕）不但要测定粗蛋白质含量，还要测定脲酶活性。对鱼粉除测定蛋白质外，还要测定含盐量、尿素和粗灰分。骨粉和磷酸氢钙既要测定钙、磷含量，又要测定氟含量。

(3) 霉菌和毒素检测。饲料由于贮存不当，可污染霉菌，并产生霉菌毒素，其中主要有黄曲霉毒素、玉米赤霉烯酮、单端孢霉烯族化合物等。

霉菌及霉菌毒素污染饲料后，其危害性有两方面：一是引起饲料变质，如颜色、味道、气味等变差，适口性降低，某些成分被分解，营养价值降低；二是饲料中的霉菌毒素可引起猪急性或慢性中毒。黄曲霉毒素属剧毒物质，幼猪和公猪较敏感，可影响肝脏功能，损害肝脏组织。玉米赤霉烯酮具有雌激素作用，可引起猪发生雌激素亢进症。单端孢霉烯族化合物的主要毒性作用为细胞毒性、免疫抑制和致畸作用。

(4) 动物试验。该法直接，效果好，但需时间较长，费用多。如消化试验、饲养试验、有毒有害物质的毒性试验等。

四、断奶仔猪选购

1. 育肥用的猪最好选用杂交猪 目前国内外普遍使用的是三元杂交模式，杜长大三元杂交模式是商品猪中应用最广的杂交模式。一般二品种杂交猪比本地猪日增重提高20%～30%，饲料利用率高10%～15%，瘦肉率高8%～11%，三元杂交猪又比二品种杂交猪提高日增重10%～15%，饲料利用率8%～10%，瘦肉率6%～8%。

2. 对仔猪体质外貌的选择

头颈部位：要求头部大小适中，额头宽阔、平坦或略突，嘴槽深，叉口长，上下唇齐平，牙齿洁白，门牙有一定距离，鼻子长，鼻孔大，颈部中等长，肌肉丰满。

前躯部位：要求肩宽而平坦，肩胛倾斜，鬐甲平而宽，没有凹陷，胸部宽而深，前肢站立姿势要端正。

中躯部位：要求背部平宽而直长，腰部平直、长度适中，腹部充实、不下垂，背线平直，尾着生部位高。

后躯部位：臀部要求长宽而平或倾斜，大腿厚、宽、肌肉丰满，后腿直而高，蹄宽，膝头不要向内靠。尾根要粗，尾尖毛刺手有针刺感。

3. 选择无病仔猪 选择体重大、眼亮有神、鼻镜湿润有汗、鼻孔清洁、摇头摆尾的猪；要求皮薄、毛稀、肉嫩，呼吸自如，有节奏，叫声洪亮，站立平稳，拱地寻食，神态自若；选择粪便圆粗有光泽，尿量和颜色正常，体温为 38～39℃的健康猪；采食量大，胸腹血管特别是乳腺静脉粗露明显，皮肤松弛，尾肛间距短的猪；体表无疥癣，皮肤光滑而有弹性。

准备篇

五、猪群的卫生保健

（一）猪群保健与疫病防治的基本原则

为防止猪疫病的发生和流行，保持猪群正常生产和人民身体健康，提高猪场经济效益，促进养猪事业的发展，现就猪群保健与疫病防治基本原则简述如下。

1. 建猪场的防疫要求

（1）场址的选择要按我国有关技术规范和世界畜牧业发达国家有关技术标准，从保护人和动物安全出发，充分利用生态养猪，选择在地势高燥、通风良好、水源充足、水质良好、排水方便，远离交通干线和居民区1 500米以上，远离屠宰场、畜产品加工厂、垃圾及污水处理厂2千米以上的地点。最好建在果林、耕地边，利于排污和污水净化。周围筑有围墙或防疫沟，并建立绿化带。

（2）养殖场内根据生物安全要求的不同，做到生产区与生活区、行政管理区严格分开，各区之间建筑围墙等隔离性建筑物。生产区应在离生活区、行政管理区100米以外的下风处。饲料仓库、种猪舍应设在生产区的上风处。

（3）根据防疫需要，应建更衣消毒室、兽医室、隔离舍、病死猪无害处理间等，应设在猪场下风50米以外，场内道路布局合理，净道和污道严格分开，防止交叉感染。

（4）按饲养工艺应建筑种猪舍（含种公猪舍）、妊娠猪舍、分娩舍（产房）、培育舍、育成舍和育肥猪舍，各猪舍之间的距离应为 20 米左右。育肥猪舍应更远些。猪舍之间不宜栽种树木，以免引来飞鸟筑巢，传播疾病。各栋猪舍的湿度保持在 65%～75%，过高或过低均不利于猪的生长。保证猪舍良好的通风，及时排除猪舍内的有害气体。

（5）猪场大门、生产区入口处及每栋猪舍的出、入口都必须设立消毒池（宽同门，且池长为车辆车轮两个周长以上）。用1∶300 菌毒灭或 3%烧碱溶液注满消毒池，生产区门口设有更衣、换鞋、紫外线消毒室或淋浴室。

（6）猪场内应有深水井或自建水塔供全场用水。水质应符合国家规定的卫生标准。要有专门的粪污处理场、粪尿污水处理设施，要符合环境保护要求，防止污染环境。

（7）种猪进场要进行隔离观察，出场种猪经过用围栏组成的通道，赶进装猪台。装猪台设在生产区围墙的外边。

2. 制定严格合理的兽医防疫卫生制度

（1）按照规定淘汰病猪、疑似传染病病猪、隐性感染猪和无饲养价值的猪只。

（2）猪场要建立有一定诊断和治疗条件的兽医室，建立健全免疫接种、诊断和病理剖检记录。

（3）猪场应配备具有畜牧兽医专业学历、熟知本专业技术知识、事业心强、能胜任工作职责需要并取得兽医资格的兽医技术人员。

（4）猪场严禁饲养禽类、犬、猫及其他动物。搞好灭鼠、灭蚊蝇和吸血昆虫等工作。定期驱除猪的体内、外寄生虫。猪场食堂不准外购猪只及其产品。职工家中不得养猪。

（5）场内兽医人员不准对外诊疗猪只及其他动物的疾病，猪场配种人员不准对外开展猪的配种工作，以切断疫病传播的各种途径。场内不准带入购买自市场上的生猪肉及其生、熟猪肉制品。

(6) 饲养人员要坚守岗位，不准相互串舍。要认真执行饲养管理制度，随时注意观察猪群健康状况，发现异常情况及时报告。所有用具与设备必须固定在本舍内使用，不准互相借用。

(7) 场外车辆、用具不准进场，猪只及其产品出场，经专用猪道在场外接运，并须经县以上防疫检疫机构或其委托单位出具检疫证明。出售种猪应附有疫病监测、免疫证明。

(二) 猪场消毒程序

1. 严格执行消毒制度

(1) 猪场场区门口、生产区及各栋猪舍门口消毒池与盆的消毒液要保持有效浓度，每周至少更换两次。

(2) 办公生活区及其周围环境每月彻底消毒一次。

(3) 生产区道路及两侧 5 米内范围、猪舍间空地每月至少消毒两次。

(4) 售猪周转区包括装猪台、磅秤及周围环境，每售一批猪后彻底消毒一次。

(5) 生产人员进入生产区，必须在消毒间用紫外线灯消毒 5～10 分钟，洗手、更换工作服和胶靴，脚踏消毒池，戴工作帽。

(6) 进入生产区的车辆必须彻底消毒，随车人员消毒方法与生产人员相同。

(7) 更衣室每周末消毒一次，工作服应保持清洁，定期消毒。

(8)“全进全出”饲养方式的猪场，在转入猪群前，对空猪舍应彻底消毒。每天坚持打扫猪舍卫生，保持饲槽、水槽、用具干净，地面清洁，公猪舍，配种、妊娠母猪舍，生长育肥猪舍每周至少消毒一次。分娩保育舍每周至少消毒两次。每批猪只调出后，猪舍要严格进行清扫、高压冲洗和消毒，并空圈5～7天。

2. 新建场猪舍消毒程序

（1）在猪舍检修结束后，猪舍外环境用3%烧碱消毒一遍，猪舍内及固定设备先用3%烧碱水喷雾消毒，晾干后用清水冲洗干净，干燥后再用0.3%的过氧乙酸彻底喷雾消毒。

（2）设备安装后，用火焰喷灯烧灼产床、保育栏、分饲栏、护栏、料槽等部位。分别用2%的烧碱水和0.3%的过氧乙酸喷雾消毒猪舍内各个部位。

（3）领取猪舍内所用物品，放入舍内，用氯制剂清洗料槽、饮水管线，并密封门窗、通风孔等部位。用福尔马林熏蒸猪舍，要求舍内温度在25℃以上，湿度在65%以上，熏蒸密闭时间不得少于24小时。

（4）空舍1周。

（5）进猪前5天，打开排风扇及进风口通风2天（冬季夜间不通风）。进猪前3天对猪舍进行预温，并间歇式通风，彻底排除舍内残留的福尔马林味。

3. 常规带猪消毒程序　彻底清扫舍内所有污物、粪便后，用汽化喷雾消毒机带猪喷雾消毒。冬天温度较低时，向上喷雾，水雾要细。常用的药物有0.2%～0.3%过氧乙酸，每立方米空间用药20～40毫升，也可用0.2%的次氯酸钠溶液或0.1%新洁尔灭溶液。本消毒方法全年均可使用，一般情况下每周消毒1～2次，春、秋疫情常发季节，每周消毒3次，在有疫情发生时，每天消毒1～2次。带猪消毒时可以将3～5种消毒药交替进行使用。

4. 空舍消毒程序　“全进全出”饲养方式的猪场，在上一批猪群转出后，对空猪舍应彻底消毒。一般按下列程序进行：清扫、冲洗、消毒、清洗、熏蒸消毒、空舍、消毒、转入猪。

准备篇

①清扫，彻底清扫舍内所有污物、粪便等；②冲洗，低压喷雾器对高床、垫板、网架、栏杆、地面、墙壁和其他设备充分喷雾湿润。30～60分钟后用高压水枪冲净粪便，有效除去黏附在栏杆、垫板、地面上病原休（寄生虫卵等）；③消毒，用4%的火碱将舍内立体空间包括相应设备等全部喷洒一遍并浸泡1～2小时，既能起到消毒作用，又便于清洗；④清洗，用高压水枪彻底冲洗地面、食槽、猪栏等各种用具，直至干净清洁为止；⑤熏蒸消毒，各种设备消毒干燥后放回原处安装，密封门窗、通风孔等部位。用高锰酸钾和福尔马林熏蒸猪舍，要求舍内温度在25℃以上，湿度在65%以上，熏蒸密闭时间不得少于24小时；⑥空舍1周；⑦再次消毒，在进猪前6～12小时用广谱消毒药进行二次消毒；⑧转入猪。

5. 紧急疫情消毒程序 发生各种传染病而进行强化消毒及终末消毒时，用来消毒的消毒剂随疫病的种类不同而异。一般肠道菌、病毒性疾病，可选用5%漂白粉或1%～2%氢氧化钠热溶液。但如发生细菌芽孢引起的传染病（如炭疽、气肿疽等）时，则需使用10%～20%漂白粉乳、1%～2%氢氧化钠热溶液或其他强力消毒剂。在有疫情发生时，每天消毒1～2次。在消毒猪舍的同时，在病猪舍、隔离舍的出、入口处应放置浸有消毒液的麻袋片或草垫。

（三）猪场预防接种程序

除了国家强制免疫的高致病性猪蓝耳病、口蹄疫、猪瘟等3种动物疫病，猪场还应根据本地区近年来及目前疫情流行的情况，考虑曾发生过哪些疫病、发病季节、发病猪的日龄、流行的强度等。确定免疫接种的内容和适宜的免疫程序。

仔猪和育肥猪，后备公、母猪，初产母猪，经产母猪，种公猪免疫程序见表1-6至表1-10。

表 1-6　仔猪和育肥猪免疫程序

日龄	疫苗名称	免疫剂量	接种方法	备注
3 日龄	伪狂犬 gE 基因缺失疫苗（首免）	1 头份	滴鼻	
21 日龄	猪瘟弱毒苗（细胞苗）（首免）	4 头份	生理盐水稀液，耳后根肌内注射	
28 日龄	蓝耳病疫苗（首免）	1 头份	耳后根肌内注射	
35 日龄	仔猪副伤寒疫苗	1 头份	口服或耳后肌内注射	有疫情时选择免疫
	猪丹毒、猪肺疫二联苗	1 头份	耳后根肌内注射	
42 日龄	伪狂犬病弱毒苗（加强）	1 头份	耳后根肌内注射	加强免疫
45 日龄	口蹄疫疫苗（首免）	2 毫升	耳后根肌内注射	
56 日龄	猪瘟疫苗（加强）	4 头份	生理盐水稀液，耳后根肌内注射	或脾淋苗 2 头份
63 日龄	蓝耳病疫苗（加强）	1 头份	耳后根肌内注射	
70 日龄	猪丹毒、猪肺疫二联苗	1 头份	耳后根肌内注射	有疫情时选择免疫
	仔猪副伤寒疫苗	1 头份	口服或耳后肌内注射	
77 日龄	口蹄疫疫苗（加强）	3 毫升	耳后根肌内注射	
4 月中旬	乙脑活疫苗	2 毫升	配专用稀释液，耳后根肌内注射	
10 月下旬	传染性胃肠炎、流行性腹泻二联苗	3 毫升	后海穴注射	

表 1-7　后备公、母猪免疫程序

日龄	疫苗名称	免疫剂量	接种方法	备注
170 日龄	口蹄疫灭活疫苗	2 毫升	耳后根肌内注射	
180 日龄	猪伪狂犬病疫苗	2 头份	耳后根肌内注射	
190 日龄	猪瘟疫苗	4 头份	配生理盐水稀释液，耳后根肌内注射	
	猪丹毒、猪肺疫二联苗	1 头份	耳后根肌内注射	有疫情时选择免疫

（续）

日龄	疫苗名称	免疫剂量	接种方法	备注
200 日龄	蓝耳病疫苗	4 毫升	耳后根肌内注射	
210 日龄	细小病毒疫苗	2 头份	耳后根肌内注射	
4 月中旬（180 日龄以上）	乙脑活疫苗	2 毫升	配专用稀释液，耳后根肌内注射	14 天后才可配种

表 1-8　初产母猪免疫程序

时间	疫苗名称	免疫剂量	接种方法	备注
妊娠 80 天	伪狂犬病灭活苗	3 头份	耳后根肌内注射	
妊娠 85 天	传染性胃肠炎、流行性腹泻二联苗	4 毫升	冬、春用，后海穴注射	有疫情时选择免疫
妊娠 95 天	蓝耳病疫苗	4 毫升	耳后根肌内注射	
产后 20 天	猪瘟弱毒苗	6 头份	生理盐水稀液，耳后根肌内注射	
产后 30 天	口蹄疫灭活疫苗	4 毫升	耳后根肌内注射	
4 月中旬	乙脑活疫苗	2 毫升	配专用稀释液，耳后根肌内注射	

表 1-9　经产母猪免疫程序

时间	疫苗名称	免疫剂量	接种方法	备注
妊娠 80 天	伪狂犬病灭活苗	3 头份	耳后根肌内注射	
妊娠 85 天	传染性胃肠炎、流行性腹泻二联苗	4 毫升	冬、春用，后海穴注射	有疫情时选择免疫
妊娠 95 天	蓝耳病疫苗	4 毫升	耳后根肌内注射	
产后 20 天	猪瘟弱毒苗	6 头份	生理盐水稀释，耳后根肌内注射	
产后 30 天	口蹄疫灭活疫苗	3 毫升	耳后根肌内注射	

（续）

时间	疫苗名称	免疫剂量	接种方法	备注
4月中旬	乙脑活疫苗	2毫升	配专用稀释液，耳后根肌内注射	

表1-10　种公猪免疫程序

时间	疫苗名称	免疫剂量	接种方法	备注
3月上旬	口蹄疫灭活疫苗	3毫升	耳后根肌内注射	
3月中旬	猪瘟疫苗	8头份	生理盐水稀液，耳后根肌内注射	
	猪丹毒、猪肺疫二联苗	1头份	耳后根肌内注射	有疫情时选择免疫
3月下旬	伪狂犬病疫苗	2头份	耳后根肌内注射	
4月上旬	乙脑疫苗	2毫升	配专用稀释液，耳后根肌内注射	
4月中旬	蓝耳病疫苗	4毫升	耳后根肌内注射	
9月上旬	口蹄疫灭活苗	3毫升	耳后根肌内注射	
9月中旬	猪瘟疫苗	5～6头份	生理盐水稀液，耳后根肌内注射	
	猪丹毒、猪肺疫二联苗	1头份	耳后根肌内注射	有疫情时选择免疫
9月下旬	伪狂犬病疫苗	2头份	耳后根肌内注射	
10月中旬	蓝耳病疫苗	4毫升	耳后根肌内注射	
10月下旬	传染性胃肠炎、流行性腹泻二联苗	4毫升	后海穴注射	有疫情时选择免疫

注：免疫剂量和使用方法请参照产品使用说明；后海穴也叫交巢穴，位于肛门上，尾根下的凹陷处正中。

（四）猪场驱虫程序

寄生虫分为体内寄生虫（如蛔虫、结节虫、鞭虫等）和体外寄生虫（如疥螨、血虱等）。当前，猪场不同程度感染寄生虫，主要危害猪群的虫种有蛔虫、鞭虫、疥螨、蚤、蚊、蝇等。为此，要针对猪场的实际，有效地制订驱虫、灭蝇措施，减少猪场的损失。

1. 科学选用驱虫药。 养猪场在选择用药时应选用新型、广谱、高效、安全的驱虫药物。目前，对养猪危害较大的寄生虫主要有疥螨、鞭虫、蛔虫、圆线虫等寄生虫。而使用效果较好的驱虫药很多，常用的有多拉菌素、伊维菌素、左旋咪唑、新型伊维菌素和芬苯达唑复方驱虫药等。单纯的伊维菌素、阿维菌素对驱除疥螨等体外寄生虫效果较好，但对体内移行期的蛔虫等的幼虫、毛首线虫等效果不好；芬苯达唑对线虫、吸虫、球虫及其移行期的幼虫，绦虫等都有较强的驱杀作用，对虫卵的孵化也能够起到极强的抑制作用。在大面积使用驱虫药时，要尽量避免使用左旋咪唑、敌百虫等驱虫药，以免用药不当（过量）引起猪群群体中毒。

2. 驱虫时间及方法。驱虫时间及方法见表 1-11。

表 1-11 驱虫时间及方法

猪群	驱虫时间	方法
成年母猪	产前 2 周驱体内、外寄生虫一次	驱体内寄生虫的药物按说明剂量拌入料中，连服 7 天；体外寄生虫采用喷洒猪体表和环境的方法，临进入产房前再喷洒一遍
成年公猪	每半年驱体内、外寄生虫一次	
后备猪	配种前	
仔猪	42～56 日龄	
引进种猪及后备猪	转入生产区前	
新购仔猪	进场后第 2 周	

仔猪驱虫后要及时采取堆积发酵、焚烧或深埋的方法清理舍内的粪便，并用 10%～20%的石灰乳或漂白粉液对舍内地面、

墙壁、饲槽进行消毒，以杀灭寄生虫虫卵，减少仔猪二次感染的机会（表1-12）。

表1-12 猪部分寄生虫从感染到排出虫卵的大约时间

寄生虫	时间（天）	寄生虫	时间（天）
蛲虫	3～8	囊虫	60
红胃虫	17～19	蛔虫	60～75
肺线虫	23	姜片吸虫	90
结节虫	23～60	猪肾虫	180～360
鞭虫	30～40		

（五）及时扑灭疫情

猪场发生传染病时，应采取以下措施：

（1）猪群发生或怀疑发生急性传染病时，发现者迅速向场长和主管总经理汇报，兽医及时进行诊断，调查疫源，并召集有关技术人员参加紧急防疫会议，研究应急措施，严格执行。

（2）根据疫病种类采取隔离与封锁、紧急消毒等措施，并做好紧急防疫接种，治疗和淘汰等工作。

（3）所有物料只准入不准出，饲料由专人专车送到疫点，再由疫点人员拖入，疫点员工经过二次更衣后方可出疫点。

（4）发生人、畜共患病时，须同时报告卫生部门，共同采取扑灭措施。

（5）病死猪的尸体不准在生产区内剖检，要用不漏水的车运往治疗室进行诊断。诊断结束后只能丢进处理池，不得运出食用或外卖；污水用消毒液严格处理后才能排出。避免病原体向外扩散。

（6）在最后一头病猪淘汰或痊愈后，须经该传染病最长潜伏期的观察，必要时进行饲养试验，不再出现新的病例，并经严格消毒后，可撤销隔离或申请解除封锁。

日程管理篇

SHENGZHANG YUFEIZHU RICHENG GUANLI JI YINGJI JIQIAO

一、仔猪断奶培育期（42天，8～30千克）

仔猪断奶后头1～2天很不安定，经常嘶叫寻找母猪，尤其是夜间更甚。为了稳定仔猪情绪，有效减轻仔猪断奶造成的不安、降低应激损失，最好采取不调离原圈、不混群并窝的“原圈培育法”。待仔猪适应后再转入仔猪培育舍。由于是原来的环境和原来的同窝仔猪，可减小断奶应激。此种方法缺点是降低了产房的利用率，建场时须加大产房产栏数量。

集约化养猪采取全进全出的生产方式，仔猪断奶立即转入仔猪培育舍。断奶仔猪转群时一般采取原窝培育，即将原窝仔猪（剔除个别发育不良个体）转入培育舍在同一栏内饲养。如果原窝仔猪过多或过少时，以及在仔猪熟悉环境以后，根据不同需要可进行重新分群。分群必须严格按照品种、性别、用途、体重大小（同群仔猪体重相差不超过2千克）和体质强弱进行分群。在并圈时用药水或白酒喷洒在仔猪身上，避免发生不必要的咬伤事故。每圈断奶仔猪的密度不宜过密，以免造成挤堆、堆垛，产生不良后果。每圈密度要根据猪圈的面积而定，一般每圈养8～10头为宜。合群仔猪会有争斗位次现象，可进行适当看管，防止咬伤。

断奶仔猪采食大量干饲料，常会感到口渴，要有洁净、充足、爽口的饮用水才能维持体内的新陈代谢。断奶仔猪栏内应安装自动饮水器，保证随时供给仔猪清洁饮水，避免不必要的损失。

新断奶转群的仔猪吃食、卧位、饮水、排泄区尚未形成固定位置，需要加强调教训练，使仔猪形成理想的采食、睡卧和排泄“三角”定位。

平时要从以下几个方面观察：采食、饮水、排便、排尿、呼吸、行动、体表颜色和被毛变化等，一旦发现异常要及时进行处理。

断奶培育期

第1天

◷ 时间记录	____年____月____日
☼ 天气记录	室外温度________℃ 湿　　度________% 室内温度________℃ 湿　　度________%

日操作安排	时间	内容
	5：30	喂料前准备
	6：00	喂哺乳仔猪料 140 克，观察猪精神及采食情况
	8：00	领取一周的饲料
	9：00	清粪，打扫圈舍，冲洗粪沟，注意通风换气，排除舍内污浊的空气。观察猪群排粪情况
	10：00	喂哺乳仔猪料 100 克，观察猪精神及采食情况
	11：00	检查猪的健康状况，治疗病猪
	14：00	喂哺乳仔猪料 100 克，观察猪精神及采食情况
	16：00	清粪，打扫圈舍，冲洗粪沟
	18：00	喂哺乳仔猪料 120 克，观察猪精神及采食情况
	22：00	喂哺乳仔猪料 140 克，巡视猪群

第 1 天

断奶培育期

重点提示

◆ 本周工作提示

本周重点是搞好断奶仔猪的饲养过渡，做好“三定位”工作。

断奶仔猪过渡期的任务是做到“两维持”、“三过渡”。尽可能做到维持原圈饲养、维持原料饲喂；做好饲料、饲养方式与饲养环境条件的过渡。确保仔猪不出现腹泻、失重。

“三定位”指采食、睡卧与排粪位置的确定。训练的方法是：排泄区的粪便暂不清扫或将少许粪便放到排泄区，诱导仔猪来排泄。其他区域的粪便及时清除干净。对不到指定地点排泄的仔猪用小棍哄赶并加以训斥。睡卧区的地势可稍微高些，并保持干燥，可铺一层垫草，使仔猪喜欢在此躺卧休息。经过 1 周的训练，可建立起定点睡卧和排泄的条件反射

备注

◆ 看槽下料

断奶后一周内的仔猪要控制采食量，以喂八成饱为宜，要根据猪体的营养状况、饲料情况和食欲情况，灵活掌握饲料的喂量。一般以饲喂后槽内不剩食，猪不舔槽为宜。实行少喂多餐，逐渐过渡到自由采食

第2天

◷ 时间记录	____年____月____日
☼ 天气记录	室外温度______℃ 湿　　度______% 室内温度______℃ 湿　　度______%

日操作安排	时间	内容
	5：30	喂料前准备
	6：00	喂哺乳仔猪料 140 克，观察猪精神及采食情况
	8：00	更换场门口、生产区入口及猪舍门口的消毒液
	9：00	清粪，打扫圈舍，冲洗粪沟，注意通风换气，排除舍内污浊的空气。观察猪群排粪情况
	10：00	喂哺乳仔猪料 100 克，观察猪精神及采食情况
	11：00	检查猪的健康状况，治疗病猪
	14：00	喂哺乳仔猪料 100 克，观察猪精神及采食情况
	16：00	清粪，打扫圈舍，冲洗粪沟
	18：00	喂哺乳仔猪料 120 克，观察猪精神及采食情况
	22：00	喂哺乳仔猪料 140 克，巡视猪群

重点提示

◆ **刚进栏仔猪的饲养**

刚购进的仔猪，放入栏内让其自由活动，熟悉环境，保持清洁饮水供应，待其寻找食物时，先投喂适量的青绿多汁饲料，以后再喂给少量的全价料，以猪吃到七八成饱为宜。

新进舍的断奶仔猪第一顿空腹，灌服0.5%的痢菌净水溶液，用量为每千克体重5毫升，并在饮水中添加电解多维。

刚断奶的仔猪一昼夜饲喂5次，从第2周开始减为4次，待采食适应后，逐渐过渡到3次（冬天夜间加喂1次）。

搞好“三定位”调教工作

备注

猪场门口、生产区入口及猪舍门口消毒池或消毒盆中的药液一周更换两次，药液可以用0.3%的烧碱溶液

断奶培育期

第3天

⏱ 时间记录	____年____月____日
☼ 天气记录	室外温度________℃ 湿　　度________% 室内温度________℃ 湿　　度________%

日操作安排		
	5：30	喂料前准备
	6：00	喂哺乳仔猪料 140 克，观察猪精神及采食情况
	9：00	清粪，打扫圈舍，冲洗粪沟，注意通风换气，排除舍内污浊的空气。观察猪群排粪情况
	10：00	喂哺乳仔猪料 100 克，观察猪精神及采食情况
	11：00	检查猪的健康状况，治疗病猪
	14：00	喂哺乳仔猪料 100 克，观察猪精神及采食情况
	16：00	清粪，打扫圈舍，冲洗粪沟
	18：00	喂哺乳仔猪料 120 克，观察猪精神及采食情况
	22：00	喂哺乳仔猪料 140 克，巡视猪群

重点提示

◆ **断奶仔猪饲养过渡**

现在国内大多采用的是哺乳料、断奶料两阶段养殖模式，即仔猪断奶后2周内仍喂哺乳期仔猪料，并适量添加抗菌素、维生素，以减少应激反应，断奶后5天内采取限量饲喂，5天后自由采食，2周后饲料中逐渐增加断奶仔猪料、减少乳猪料，3周后全部采用断奶仔猪料；或采用哺乳料、断奶料、过渡料的三阶段养殖模式。断奶仔猪选用专用料型，保证适口性好，营养全面。饲料配比突出可消化性，多用优质鱼粉、血浆粉、膨化的豆粕、乳糖类，特别是注意补铁、补锌等。要少喂勤添，搞好饲料的转换。最后一餐料尽量晚喂，并适当加量，保持料的新鲜，提高采食量

备注

第4天

⏲ 时间记录	____年____月____日
☼ 天气记录	室外温度________℃ 湿　　度________% 室内温度________℃ 湿　　度________%

日操作安排		
	5：30	喂料前准备
	6：00	喂哺乳仔猪料 140 克，观察猪精神及采食情况
	9：00	清粪，打扫圈舍，冲洗粪沟，注意通风换气，排除舍内污浊空气。观察猪群排粪情况
	10：00	喂哺乳仔猪料 100 克，观察猪精神及采食情况
	11：00	检查猪的健康状况，治疗病猪
	14：00	喂哺乳仔猪料 100 克，观察猪精神及采食情况
	16：00	清粪，打扫圈舍，冲洗粪沟
	18：00	喂哺乳仔猪料 120 克，观察猪精神及采食情况
	22：00	喂哺乳仔猪料 140 克，巡视猪群

日程管理篇 温馨小贴士

第4天

断奶培育期

知识窗

◆ **仔猪断奶综合征的预防**

指早期断奶仔猪表现的惊恐不安、食欲差、采食量低、消化不良、下痢、生长缓慢、饲料利用率降低，继而导致抗病力下降，发病率和死亡率增高，精神状况不佳等症状。

仔猪断奶综合征源于应激导致的仔猪生理对逆境的反馈失调；断奶引起的显著的免疫抑制，降低了循环抗体水平；断奶应激导致的消化机能减退，消化酶活性降低，加上早期断奶仔猪胃液 pH 过高，影响仔猪对饲料尤其是蛋白质的消化。

为避免仔猪断奶综合征的出现，在保证饲料优质易消化的前提下，确保饲养环境的卫生和疾病的及时治疗

备注

刚断奶仔猪常出现咬尾和吮吸耳朵、包皮等现象。防止的办法是在改善饲养管理条件的同时，为仔猪设立玩具，分散注意力。每栏悬挂两条由铁环连成的铁链，高度以仔猪仰头能咬到为宜

第5天

◷ 时间记录	_____年____月____日
☼ 天气记录	室外温度_______℃ 湿　　度_______% 室内温度_______℃ 湿　　度_______%

日操作安排

5：30	喂料前准备
6：00	喂哺乳仔猪料140克，观察猪精神及采食情况
8：00	更换生产区入口及猪舍门口的消毒液
9：00	清粪，打扫圈舍，冲洗粪沟，注意通风换气，排除舍内污浊空气。观察猪群排粪情况
10：00	喂哺乳仔猪料100克，观察猪精神及采食情况
11：00	检查猪的健康状况，治疗病猪
12：30	0.2%～0.3%的过氧乙酸带猪消毒
14：00	喂哺乳仔猪料100克，观察猪精神及采食情况
16：00	清粪，打扫圈舍，冲洗粪沟
18：00	喂哺乳仔猪料120克，观察猪精神及采食情况
22：00	喂哺乳仔猪料140克，巡视猪群

知识窗	◆ **消毒要求** 消毒是疾病预防和控制最有效的方法之一。每周要进行一次彻底消毒，消毒时间应选择在午后温度较高时。消毒前彻底清扫舍内外垃圾与粪便，之后用消毒药喷洒带猪消毒，以防传染病的发生。 注意事项：①带猪消毒应选择刺激性小、作用强、广谱、低毒、对人畜无害的消毒剂，最好是复合广谱消毒剂，并定期更换。②消毒液要现配现用，保证新鲜，消毒浓度最好按推荐的较低的消毒浓度。如果消毒液配制后放置时间过长，超过好几天，或者被粪便之类的有机物质污染，那么消毒液就会失去活性，可能起不到消毒效果。③ 消毒方法最好用高压喷雾，能够对整个猪舍的空间、地面及设备进行有效的消毒。有条件的猪场最好能对消毒效果进行监测
备注	夏天气温较高时，应在早晚消毒，不要在中午消毒。因中午气温高，消毒药都有一定的刺激性气味，药物挥发过快对猪的呼吸道有一定的刺激性。冬季应在中午时消毒为好

断奶培育期

第6天

⏲ 时间记录	____年____月____日
☼ 天气记录	室外温度________℃ 湿　　度________% 室内温度________℃ 湿　　度________%

日操作安排	时间	内容
	5：30	喂料前准备
	6：00	喂哺乳仔猪料140克，观察猪精神及采食情况
	9：00	清粪，打扫圈舍，冲洗粪沟，注意通风换气，排除舍内污浊空气。观察猪群排粪情况
	10：00	喂哺乳仔猪料100克，观察猪精神及采食情况
	11：00	检查猪的健康状况，治疗病猪
	14：00	喂哺乳仔猪料100克，观察猪精神及采食情况
	16：00	清粪，打扫圈舍，冲洗粪沟
	18：00	喂哺乳仔猪料120克，观察猪精神及采食情况
	22：00	喂哺乳仔猪料140克，巡视猪群

日程管理篇 温馨小贴士

第6天

断奶培育期

重点提示

◆ **断奶仔猪管理要点**

仔猪断奶第1周维持原圈饲养，第2周转入断奶仔猪保育舍，要注意保持圈舍卫生，加强猪群调教，训练猪群吃料、睡觉、排便“三定位”。仔猪保育舍温度控制在22～25℃，湿度以65％～75％为宜。转群时一般采取原窝培育，需要重新分群时按照强弱、大小分群，保持合理的密度。分群、合群时，为了减少相互咬架而产生应激，应遵守留弱不留强、拆多不拆少、夜并昼不并的原则，可对并圈的猪喷洒药液（如来苏儿），以消除气味差异，并后饲养人员要多加观察。按季节温度的变化，做好通风换气、防暑降温及防寒保温工作。注意舍内有害气体浓度。

要特别防止水肿病，繁殖与呼吸道综合征病毒引起的肺炎，沙门氏杆菌引起的肠炎、败血症，链球菌引起的多发性浆膜炎、脑膜炎及关节炎以及断奶后多发性全身消瘦综合征。对于发病猪要隔离治疗，特别照管

备注

第7天

◷ 时间记录	____年____月____日
☼ 天气记录	室外温度____℃ 湿　　度____% 室内温度____℃ 湿　　度____%

日操作安排

5：30	喂料前准备
6：00	喂哺乳仔猪料 140 克，观察猪精神及采食情况
8：00	耳后肌内注射仔猪副伤寒疫苗和猪丹毒、猪肺疫二联苗各 1 头份
9：00	清粪，打扫圈舍，冲洗粪沟，注意通风换气，排除舍内污浊空气。观察猪群排粪情况
10：00	喂哺乳仔猪料 100 克，观察猪精神及采食情况
11：00	检查猪的健康状况，观察猪接种疫苗后的反应，治疗病猪
14：00	喂哺乳仔猪料 100 克，观察猪精神及采食情况
16：00	清粪，打扫圈舍，冲洗粪沟。观察猪群排粪情况
18：00	喂哺乳仔猪料 120 克，观察猪精神及采食情况
20：00	将仔猪转入保育舍
22：00	喂哺乳仔猪料 140 克，巡视猪群

知识窗

◆ **仔猪副伤寒疫苗接种应注意的问题**

仔猪副伤寒又称猪沙门氏菌病，主要是由猪霍乱沙门氏菌和猪伤寒沙门氏菌引起，2～4 月龄仔猪最易感染。初春时节气候多变，温度变化明显，养殖环境稍有不宜就容易引发本病，必须认真加以防治。仔猪副伤寒的预防主要通过接种疫苗，仔猪副伤寒疫苗按瓶签注明口服或耳后浅层肌内注射。接种时要注意：

(1) 稀释后，限4小时内用完。用时要随时振摇均匀。

(2) 体弱有病的猪不宜接种。

(3) 对经常发生仔猪副伤寒的猪场和地区，为了提高免疫效果，可在断乳前后各接种1次，间隔 21～28 日。

(4) 口服时，最好在喂食前服用，以使每头猪都能吃到。

(5) 注射法接种时，有些猪反应较大，有的仔猪会出现体温升高、发抖、呕吐和减食等症状，一般 1～2 日后可自行恢复，重者可注射肾上腺素抢救

备注

一周总结：对本周工作进行总结，主要包括药物、饲料的消耗情况；猪病的发生与流行情况；通过抽称猪只体重与计算饲料消耗，了解猪只的生长发育情况。

下周工作安排：从下周开始仔猪日喂 4 次，自由采食，确保快速生长；仔猪转入保育舍

断奶培育期

第8天

⏲ 时间记录	_____年____月____日
☼ 天气记录	室外温度______℃ 湿　　度______% 室内温度______℃ 湿　　度______%

日操作安排		
	5：30	喂料前准备
	6：00	饲喂哺乳仔猪料，观察采食情况
	8：00	领取一周的饲料
	9：00	清粪，打扫圈舍，冲洗粪沟，注意通风换气，排除舍内污浊空气。观察猪群排粪情况
	10：00	检查猪的健康状况，治疗病猪
	11：00	饲喂哺乳仔猪料，观察采食情况
	14：00	巡视猪群
	16：00	饲喂哺乳仔猪料，观察采食情况
	18：00	清粪，打扫圈舍，冲洗粪沟，观察猪群排粪情况
	21：00	饲喂哺乳仔猪料，观察采食情况
	21：30	巡视猪群

知识窗

◆ **实施自由采食，促进仔猪生长**

所谓自由采食，就是仔猪随时可以采食到自己需要的饲料。影响仔猪采食量的因素很多，其中水是否充足供应是一个必备的条件。要经常检查饮水器的出水情况，确保仔猪可以饮用到需要的饮水量。

使用自动落料槽是实施自由采食的必备条件，在规模化养猪生产中，使用这种饲槽可以确保饲料及时供应，减少饲料浪费与污染。

为了确保仔猪快速生长，通常在仔猪饲料中添加一些促消化与增强抵抗力的添加剂。常用的有各种消化酶类，酸化剂，中药山楂、陈皮、麦芽、六神曲等，抗生素添加剂，寡糖类。

仔猪阶段是猪体格发育的关键阶段，必须保障有关矿物质与维生素的供应

备注

本周仔猪从分娩舍转到保育舍，管理要点是注意观察仔猪并圈转群后采食、精神状况，以及混群后常出现的咬斗现象，处理突发情况

第9天

时间记录	____年____月____日
天气记录	室外温度________℃ 湿　　度________% 室内温度________℃ 湿　　度________%

日操作安排	时间	内容
	5：30	喂料前准备
	6：00	饲喂哺乳仔猪料，观察采食情况
	8：00	更换场门口、生产区入口及猪舍门口的消毒液
	9：00	清粪，打扫圈舍，冲洗粪沟，注意通风换气，排除舍内污浊空气。观察猪群排粪情况
	10：00	检查猪的健康状况，治疗病猪
	11：00	饲喂哺乳仔猪料，观察采食情况
	14：00	巡视猪群
	16：00	饲喂哺乳仔猪料，观察采食情况
	18：00	清粪，打扫圈舍，冲洗粪沟，观察猪群排粪情况
	21：00	饲喂哺乳仔猪料，观察采食情况
	21：30	巡视猪群

知识窗

◆ **猪的最适和临界温度**

阶段	最适温度（℃）	适应范围（℃）
0～2日龄仔猪	34	32～36
3～7日龄仔猪	32	30～32
2周龄仔猪	28	28～30
3周龄仔猪	26	26～28
4周龄仔猪	24	24～26
保育期	24	24～26
25～60千克生长猪	20	16～24
60～100千克育肥猪、妊娠母猪	18	14～22
哺乳母猪	16	12～21
种公猪	16	12～22

备注

断奶培育期

第10天

时间记录	____年____月____日
天气记录	室外温度______℃ 湿　　度______% 室内温度______℃ 湿　　度______%

日操作安排

5：30	喂料前准备
6：00	饲喂哺乳仔猪料，观察采食情况
9：00	清粪，打扫圈舍，冲洗粪沟，注意通风换气，排除舍内污浊空气。观察猪群排粪情况
10：00	检查猪的健康状况，治疗病猪
11：00	饲喂哺乳仔猪料，观察采食情况
14：00	巡视猪群
16：00	饲喂哺乳仔猪料，观察采食情况
18：00	清粪，打扫圈舍，冲洗粪沟，观察猪群排粪情况
21：00	饲喂哺乳仔猪料，观察采食情况
21：30	巡视猪群

知识窗

◆ **猪舍的温控措施**

大猪怕热，小猪怕冷：不同年龄阶段的猪群都有其最适宜的生长温度和所能耐受的最高温度和最低温度。猪舍冬季要采取保温措施，即安装取暖设备。在炎热的夏季则要防暑降温，可采取喷雾、淋浴、通风等降温方法。比如屋顶无动力风机，可将任何平行方向的空气流动加速并转变为由下而上垂直的空气流动，借助自然的风力达到通风降温、调解环境的目的；负压通风是利用空气对流、负压换气的降温原理，由安装点的对面大门或窗户自然吸入新鲜空气，将室内闷热气体迅速、强制排出室外。

分娩猪舍内既有母猪又有仔猪，由于仔猪和母猪的环境温度要求悬殊，可采取全面通风和滴水降温相结合的降温技术。对于仔猪采用全面纵向通风方法即可解决其降温问题，但此法不能满足母猪的降温需求，为此可根据分娩舍母猪定位饲养的特点，采取滴水降温的局部降温技术对母猪进一步降温

备注

断奶培育期 第11天

时间记录	______年____月____日
天气记录	室外温度________℃ 湿　　度________% 室内温度________℃ 湿　　度________%

日操作安排

5：30	喂料前准备
6：00	饲喂哺乳仔猪料，观察采食情况
9：00	清粪，打扫圈舍，冲洗粪沟，注意通风换气，排除舍内污浊空气。观察猪群排粪情况
10：00	检查猪的健康状况，治疗病猪
11：00	饲喂哺乳仔猪料，观察采食情况
14：00	巡视猪群
16：00	饲喂哺乳仔猪料，观察采食情况
18：00	清粪，打扫圈舍，冲洗粪沟，观察猪群排粪情况
21：00	饲喂哺乳仔猪料，观察采食情况
21：30	巡视猪群

知识窗

◆ **保育舍内的湿度**

保育舍内的湿度对仔猪的生活有很大影响，湿度过大可加剧寒冷和炎热对猪的不良影响，潮湿有利于病原微生物的滋生繁殖，可引起仔猪多种疾病。断奶仔猪舍适宜的相对湿度为65%～75%。舍内湿度过低时，通过向地面洒水提高舍内湿度，防止灰尘飞扬；偏高时应严格控制洒水量，减少供水系统的漏水，及时清扫舍内粪尿，保持舍内良好通风，以降低舍内湿度

备注

第12天

时间记录	____年____月____日
天气记录	室外温度______℃ 湿　　度______% 室内温度______℃ 湿　　度______%

日操作安排		
	5：30	喂料前准备
	6：00	饲喂哺乳仔猪料，观察采食情况
	8：00	更换场门口、生产区入口及猪舍门口的消毒液
	9：00	清粪，打扫圈舍，冲洗粪沟，注意通风换气，排除舍内污浊空气。观察猪群排粪情况
	10：00	检查猪的健康状况，治疗病猪
	11：00	饲喂哺乳仔猪料，观察采食情况
	14：00	0.2%～0.3%过氧乙酸带猪消毒
	16：00	饲喂哺乳仔猪料，观察采食情况
	18：00	清粪，打扫圈舍，冲洗粪沟，观察猪群排粪情况
	21：00	饲喂哺乳仔猪料，观察采食情况
	21：30	巡视猪群

日程管理篇

第12天 断奶培育期

知识窗

◆ 猪舍通风换气

猪舍的通风换气是为猪群提供适宜生长温度、环境控制的关键要素。其目的有两个：第一，在气温高时通过加大气流，促进散热，缓和高温对猪的不良影响；第二，排除猪舍内的氨气、硫化氢、二氧化碳等有害气体，稀释病原，减少或降低病原微生物的污染机会，防止猪舍内潮湿，保持舍内空气清新。

猪舍的通风模式有自然通风和机械通风。自然通风是通过门窗，靠风压和热压为动力的通风，节约能源，成本低廉；机械通风是靠通风机械为动力的通风，能源消耗较大，成本高，但通风效果好，可操控性强，封闭猪舍必须采用机械通风。机械通风又分纵向通风和横向通风，纵向通风是风沿猪舍纵向流动的一种机械通风方式，纵向通风舍内风速较横向通风高5倍以上，气流分布均匀，且可以配合水帘使用，降温效果较好

备注

喷雾消毒时，药液一定要充分混匀，呈雾状喷出，使畜舍空间充满雾滴，并在畜体上形成细微水滴。以地面、笼具、墙壁均匀湿润和畜体表面稍湿为宜

第13天

⏲ 时间记录	____年____月____日
☼ 天气记录	室外温度________℃ 湿　　度________% 室内温度________℃ 湿　　度________%

日操作安排	时间	内容
	5：30	喂料前准备
	6：00	饲喂哺乳仔猪料，观察采食情况
	9：00	清粪，打扫圈舍，冲洗粪沟，注意通风换气，排除舍内污浊空气。观察猪群排粪情况
	10：00	检查猪的健康状况，治疗病猪
	11：00	饲喂哺乳仔猪料，观察采食情况
	14：00	巡视猪群
	16：00	饲喂哺乳仔猪料，观察采食情况
	18：00	清粪，打扫圈舍，冲洗粪沟，观察猪群排粪情况
	21：00	饲喂哺乳仔猪料，观察采食情况
	21：30	巡视猪群

第 13 天

断奶培育期

知识窗

◆ **猪伪狂犬病临床症状**

（1）母猪繁殖障碍。母猪不发情、配不上种，返情率高达 90%，妊娠母猪发生流产、产死胎。

（2）公猪不育症。公猪睾丸肿胀、萎缩，精液质量下降，丧失种用能力。

（3）仔猪腹泻和呼吸道症状。发病仔猪最初眼眶发红，闭目昏睡，接着体温升高到 41～41.5℃，精神沉郁，鸣叫、流涎、呕吐、腹泻、食欲废绝，伴有明显的神经症状：抑郁震颤，继而出现运动失调、间歇性抽搐、盲目行走或转圈，昏迷以至衰竭死亡。

（4）育肥猪的呼吸道症状。4 月龄左右的猪发病后只有轻微症状，有数日的轻热、呼吸困难、流鼻汁、咳嗽、精神沉郁、食欲不振，有的呈犬坐姿势，有时呕吐和腹泻

备注

断奶培育期

第14天

🕓 时间记录	＿＿年＿＿月＿＿日
☼ 天气记录	室外温度＿＿℃ 湿　　度＿＿% 室内温度＿＿℃ 湿　　度＿＿%

日操作安排		
	5：30	喂料前准备
	6：00	饲喂哺乳仔猪料，观察采食情况
	8：00	耳后根肌内注射伪狂犬病弱毒苗（加强）一头份
	9：00	清粪，打扫圈舍，冲洗粪沟，注意通风换气，排除舍内污浊空气。观察猪群排粪情况
	10：00	检查猪的健康状况，观察猪接种疫苗后的反应，治疗病猪
	11：00	饲喂哺乳仔猪料，观察采食情况
	14：00	巡视猪群
	16：00	饲喂哺乳仔猪料，观察采食情况
	18：00	清粪，打扫圈舍，冲洗粪沟，观察猪群排粪情况
	21：00	饲喂哺乳仔猪料，观察采食情况
	21：30	巡视猪群

温馨小贴士

难点提示

◆ **猪伪狂犬病疫苗的正确使用**

现在使用的猪伪狂犬病疫苗分普通弱毒苗、灭活苗和基因缺失苗3大类。普通弱毒苗成本低、免疫原性好，但安全性差，有毒力返强的可能；灭活苗安全性好，但成本高，注射的次数多；基因缺失苗免疫应答性好，比较安全，但成本高。每个猪场防止多种疫苗混用，只能使用一种基因缺失弱毒苗，不要使用两种或多种基因缺失弱毒苗，以防基因重组的发生。稀释疫苗时应使用对应疫苗稀释液。

免疫程序：母猪配种前30天和产前30天各接种一次灭活苗，每次一头份；仔猪1～3日龄用伪狂犬病gE基因缺失苗（一头份）滴鼻免疫，6～8周龄耳后根肌内注射伪狂犬病弱毒苗（加强）一头份

备注

本周总结　总结本周耗料及疫苗使用情况，确定下周饲喂方案。

下周提要　仔猪断奶后2周内仍喂哺乳期仔猪料，从下周开始，在5～7天时间内逐渐由哺乳仔猪料过渡到断奶仔猪料

第15天

⏲ 时间记录	____年____月____日
☼ 天气记录	室外温度________℃ 湿　　度________% 室内温度________℃ 湿　　度________%

日操作安排		
	5：30	喂料前准备
	6：00	饲喂，减少20%乳猪料，加等量断奶仔猪料，观察采食情况
	8：00	领取一周的饲料
	9：00	清粪，打扫圈舍，冲洗粪沟，注意通风换气，排除舍内污浊空气。观察猪群排粪情况
	10：00	检查猪的健康状况，治疗病猪
	11：00	饲喂，减少20%乳猪料，加等量断奶仔猪料，观察采食情况
	16：00	饲喂，减少20%乳猪料，加等量断奶仔猪料，观察采食情况
	18：00	清粪，打扫圈舍，冲洗粪沟，观察猪群排粪情况
	21：00	饲喂，减少20%乳猪料，加等量断奶仔猪料，观察采食情况
	21：30	巡视猪群

知识窗

◆ **断奶仔猪日粮加工方法**

断奶仔猪日粮的加工方法能影响保育仔猪对饲料的利用。目前饲料的加工方式多为干粉料和颗粒料，与采食干粉料相比，保育仔猪采食粒度、硬度适合的颗粒饲料或膨化颗粒饲料能表现出更好的生长速度和饲料利用率。颗粒饲料的粒度对仔猪是至关重要的，给幼龄仔猪和保育仔猪使用直径2.5毫米和3.0毫米的颗粒料，可以获得最佳的生产性能。所用的饲料原料主要有脂肪、油、血制品、乳清粉、脱脂奶粉、发酵蛋白饲料、膨化玉米、膨化豆粕等

备注

断奶培育期

第16天

⏲ 时间记录	____年____月____日
☼ 天气记录	室外温度________℃ 湿　　度________% 室内温度________℃ 湿　　度________%

日操作安排		
	5：30	喂料前准备
	6：00	饲喂，减少40%乳猪料，加等量断奶仔猪料，观察采食情况
	8：00	更换场门口、生产区入口及猪舍门口的消毒液
	9：00	清粪，打扫圈舍，冲洗粪沟，注意通风换气，排除舍内污浊空气。观察猪群排粪情况
	10：00	检查猪的健康状况，治疗病猪
	11：00	饲喂，减少40%乳猪料，加等量断奶仔猪料，观察采食情况
	16：00	饲喂，减少40%乳猪料，加等量断奶仔猪料，观察采食情况
	18：00	清粪，打扫圈舍，冲洗粪沟，观察猪群排粪情况
	21：00	饲喂，减少40%乳猪料，加等量断奶仔猪料，观察采食情况
	21：30	巡视猪群

知识窗

◆ 猪口蹄疫临床症状

口蹄疫以蹄部水疱为特征，体温升高，全身症状明显：蹄冠、蹄叉、蹄踵发红、形成水疱和溃烂，有继发感染时，蹄壳可能脱落；病猪跛行，喜卧；病猪鼻盘、口腔、齿龈、舌、乳房（主要是哺乳母猪）也可见到水疱和烂斑；仔猪可因肠炎和心肌炎死亡。不同年龄的猪易感程度不完全相同，一般是越年幼的仔猪发病率越高，病情越重，死亡率越高。猪口蹄疫多发生于秋末、冬季和早春，尤以春季达到高峰，但在大型猪场及生猪集中的仓库，一年四季均可发生。

当猪场出现口蹄疫时，立即封锁猪场，全群使用1%～3%的过氧乙酸带猪消毒，猪栏内用戊二醛消毒，1天2～3次

备注

断奶培育期

第17天

⏲ 时间记录	____年____月____日
☼ 天气记录	室外温度________℃ 湿　　度________% 室内温度________℃ 湿　　度________%

日操作安排		
	5：30	喂料前准备
	6：00	饲喂，减少60%乳猪料，加等量断奶仔猪料，观察采食情况
	8：00	耳后根肌内注射口蹄疫疫苗（首免）2毫升
	9：00	清粪，打扫圈舍，冲洗粪沟，注意通风换气，排除舍内污浊空气。观察猪群排粪情况
	10：00	检查猪的健康状况，观察猪接种疫苗后的反应，治疗病猪
	11：00	饲喂，减少60%乳猪料，加等量断奶仔猪料，观察采食情况
	16：00	饲喂，减少60%乳猪料，加等量断奶仔猪料，观察采食情况
	18：00	清粪，打扫圈舍，冲洗粪沟，观察猪群排粪情况
	21：00	饲喂，减少60%乳猪料，加等量断奶仔猪料，观察采食情况
	21：30	巡视猪群

知识窗

◆ 猪口蹄疫疫苗的使用

1. 免疫接种程序 仔猪出生后45日龄首免，接种3毫升/头，1个月后加强接种3毫升/头；后备母猪170日龄接种2毫升/头；初产母猪产后30天接种4毫升/头；经产母猪产后30天接种3毫升/头；公猪3月和9月各接种一次，每次接种3毫升/头。

2. 口蹄疫疫苗的过敏反应 注射口蹄疫疫苗后个别猪会发生过敏反应。临床症状有两种，即局部性反应和全身性反应。局部性反应主要表现为生猪贪睡、高热、不食，同时注射部位往往出现肿胀、热痛，以上症状一般情况下可自愈。全身性过敏反应多在注射疫苗后5分钟内出现。主要表现全身出汗、肌肉震颤、体温升高、呼吸急促、口中流涎、结膜潮红、呆立不动、运动时步态不稳、视力障碍。若出现上述症状，应及时肌内注射0.1%肾上腺素液和地塞米松磷酸钠注射液，剂量应视生猪体重而定。一般经过10～20分钟可缓解症状，1～2天连续用药，即可康复

备注

第18天

时间记录	____年____月____日
天气记录	室外温度______℃ 湿　　度______% 室内温度______℃ 湿　　度______%

日操作安排		
	5：30	喂料前准备
	6：00	饲喂，减少80%乳猪料，加等量断奶仔猪料，观察采食情况
	9：00	清粪，打扫圈舍，冲洗粪沟，注意通风换气，排除舍内污浊空气。观察猪群排粪情况
	10：00	检查猪的健康状况，治疗病猪
	11：00	饲喂，减少80%乳猪料，加等量断奶仔猪料，观察采食情况
	16：00	饲喂，减少80%乳猪料，加等量断奶仔猪料，观察采食情况
	18：00	清粪，打扫圈舍，冲洗粪沟，观察猪群排粪情况
	21：00	饲喂，减少80%乳猪料，加等量断奶仔猪料，观察采食情况
	21：30	巡视猪群

日程管理篇 温馨小贴士

第18天

断奶培育期

知识窗

◆ **断奶仔猪腹泻的原因**

腹泻是影响仔猪生产的主要疾病之一。仔猪断奶后腹泻的病因是多方面的。早期人们认为主要是病原微生物与病毒感染，后来的研究证实，营养与应激问题是导致早期断奶仔猪腹泻的主要原因。

断奶后母子分离、仔猪食物由母乳换成固体饲料、仔猪生活环境改变等是造成仔猪应激的根本原因，应激引起消化不良，进而引起腹泻。断奶应激还造成仔猪消化能力及消化酶活性降低，使仔猪对蛋白质消化能力减弱，未消化的蛋白饲料在细菌作用下，发生腐败作用，使细菌大量繁殖，导致胃肠道菌群紊乱，病原微生物乘虚而入，引起病原性腹泻的发生。仔猪饲料改变对结肠产生损伤作用，使吸收水分能力下降，肠管积液，导致腹泻

备注

断奶培育期

第19天

⏲ 时间记录	____年____月____日
☼ 天气记录	室外温度________℃ 湿　　度________% 室内温度________℃ 湿　　度________%

日操作安排		
	5：30	喂料前准备
	6：00	饲喂断奶仔猪料，观察采食情况
	8：00	更换场门口、生产区入口及猪舍门口的消毒液
	9：00	清粪，打扫圈舍，冲洗粪沟，注意通风换气，排除舍内污浊空气。观察猪群排粪情况
	10：00	检查猪的健康状况，治疗病猪
	11：00	饲喂断奶仔猪料，观察采食情况
	14：00	0.2%～0.3%过氧乙酸带猪消毒
	16：00	饲喂断奶仔猪料，观察采食情况
	18：00	清粪，打扫圈舍，冲洗粪沟，观察猪群排粪情况
	21：00	饲喂断奶仔猪料，观察采食情况
	21：30	巡视猪群

难点提示

◆ 仔猪腹泻的综合预防

1. 保证环境清洁舒适 对于仔猪要精心护理，注意防寒保暖，使温度保持在22～23℃。并适当通风换气，排除污浊空气，保证仔猪处于温暖、舒适的环境。

2. 合理补料 由于营养因素是断奶后应激首要诱因，限喂不易消化的饲料或降低粗蛋白的含量，可避免消化不良和微生物的腐败作用引起的腹泻。此外，断奶仔猪可适当补充矿物质、维生素、有机酸、酶制剂、微生态剂和抗生素等物质，能有效地预防和减轻腹泻的发生，加快仔猪的生长发育。

3. 合理选用疫苗，增强特异性免疫力 选用猪传染性胃肠炎与猪流行性腹泻二联灭活苗，使仔猪获得免疫保护。

4. 饲料中使用一定的药物 在料中加入0.05%的土霉素钙盐可起到预防腹泻的作用

备注

断奶培育期

第20天

⊙ 时间记录	_____年____月____日
☼ 天气记录	室外温度________℃ 湿　　度________% 室内温度________℃ 湿　　度________%

日操作安排		
	5：30	喂料前准备
	6：00	饲喂断奶仔猪料，观察采食情况
	9：00	清粪，打扫圈舍，冲洗粪沟，注意通风换气，排除舍内污浊空气。观察猪群排粪情况
	10：00	检查猪的健康状况，治疗病猪
	11：00	饲喂断奶仔猪料，观察采食情况
	16：00	饲喂断奶仔猪料，观察采食情况
	18：00	清粪，打扫圈舍，冲洗粪沟，观察猪群排粪情况
	21：00	饲喂断奶仔猪料，观察采食情况
	21：30	巡视猪群

知识窗

◆ 仔猪腹泻的治疗

1. 及时隔离病猪，全群加强饲养管理，防止病情扩散和加重 可给予全价饲料和清洁饮水，饲料中添加维生素、矿物质及抗应激药物。注意防寒保暖。

2. 适时对症治疗，科学合理用药 病毒性感染的要及时准确注射抗病毒药物，对细菌性病原引起的仔猪腹泻，经药敏试验选用敏感药物，如环丙沙星等给予治疗。

3. 调整胃肠正常菌群，提高机体免疫力 这是确保治疗效果，防止病情反复的关键。临床治疗中，广泛运用抗生素，如使用大剂量或长期不合理使用抗生素容易造成仔猪胃肠正常功能的损害，不但起不到治疗作用反而加重了病情，甚至引起死亡。应在保证清洁饮水基础上，在饲料中适量添加维生素 E、微生态制剂、酸化剂、酶制剂、乳清粉，调整胃肠道菌群。也可灌服或注射一些中药制剂进行治疗

备注

断奶培育期

第21天

时间记录	____年____月____日
天气记录	室外温度________℃ 湿　　度________% 室内温度________℃ 湿　　度________%

日操作安排		
	5：30	喂料前准备
	6：00	饲喂，观察采食情况
	9：00	清粪，打扫圈舍，冲洗粪沟，注意通风换气，排除舍内污浊空气。观察猪群排粪情况
	10：00	检查猪的健康状况，治疗病猪
	11：00	饲喂，观察采食情况
	16：00	饲喂，观察采食情况
	18：00	清粪，打扫圈舍，冲洗粪沟，观察猪群排粪情况
	21：00	饲喂，观察采食情况
	21：30	巡视猪群

重点提示

◆ **前期饲养效果总结**

根据体重抽查结果与饲料使用情况，确定下阶段饲养方案。

如果饲养效果较好，增重速度与饲料报酬都比较理想，继续使用原饲料与原饲养制度饲养。

如果增重速度较慢，检查采食量与饲料质量，采食量低于标准（参见《资料篇》）时，调整使用原料或使用诱食剂；如果饲料报酬低，说明饲料营养成分差，需要进行营养素调整，注意审查赖氨酸、磷与能量等营养素。

备注

本周仔猪饲料实现了由乳猪料向断奶仔猪料的逐步过渡

断奶培育期

第22天

时间记录	____年____月____日
天气记录	室外温度______℃ 湿　　度______% 室内温度______℃ 湿　　度______%

日操作安排

5：30	喂料前准备
6：00	饲喂，观察采食情况
8：00	领取一周的饲料
9：00	清粪，打扫圈舍，冲洗粪沟，注意通风换气，排除舍内污浊空气。观察猪群排粪情况
10：00	检查猪的健康状况，治疗病猪
11：00	饲喂，观察采食情况
16：00	饲喂，观察采食情况
18：00	清粪，打扫圈舍，冲洗粪沟，观察猪群排粪情况
21：00	饲喂，观察采食情况
21：30	巡视猪群

知识窗

◆ **猪附红细胞体病与猪瘟、猪丹毒的鉴别**

猪附红细胞体病无明显的季节性，猪瘟一年四季都可发生，猪丹毒多在炎热或寒冷时节发生。

主要症状：

猪附红细胞体病表现为体温高达42℃，呈现稽留热，便秘、下痢交替发生，皮肤多处出现大片紫红色斑，指压不褪色。

猪丹毒表现为高热，可超过42℃，全身症状明显：颈、胸、腰两侧接近菱形或方形红紫色疹块，形如烙印，指压褪色。

猪瘟表现为体温41～42℃，高热不退，精神沉郁，废食，常伏卧暗处，耳根、肢下内侧出现紫色斑点，指压不褪色。

备注

◆ **本周工作要点**

从本周起，仔猪已经适应了目前的饲料与饲养制度，为了确保仔猪的快速生长，采食到足够的饲料，从本周起要做到“三不变”：饲料不变、饲养制度不变、饲养人员不变，确保仔猪自由采食。

断奶培育期

第23天

时间记录	____年____月____日
天气记录	室外温度________℃ 湿　　度________% 室内温度________℃ 湿　　度________%

日操作安排

5：30	喂料前准备
6：00	饲喂，观察采食情况
8：00	更换场门口、生产区入口及猪舍门口的消毒液
9：00	清粪，打扫圈舍，冲洗粪沟，注意通风换气，排除舍内污浊空气。观察猪群排粪情况
10：00	检查猪的健康状况，治疗病猪
11：00	饲喂，观察采食情况
16：00	饲喂，观察采食情况
18：00	清粪，打扫圈舍，冲洗粪沟，观察猪群排粪情况
21：00	饲喂，观察采食情况
21：30	巡视猪群

知识窗

◆ **附红细胞体病防治**

该病是近年来养猪生产中的一种常发病，仔猪和生长猪死亡率较高，病猪厌食、嗜睡、体温升高、贫血、黄疸、皮肤红紫，便秘或腹泻，也有的后肢麻痹、流涎、呼吸困难、咳嗽等，严重的眼睑粘连、黏膜发绀。尿呈茶褐色，栏舍内可看到明显的“尿迹”。

该病一年四季均可发病，但多发生于夏季与多雨季节。防治办法：

(1) 肌内注射咪唑苯脲，剂量为每千克体重20～30毫克，间隔24小时再注射一次。注射本品前，可先注射地塞米松以防猪只过敏；注射本品后若有猪只出现严重的气喘症状，可以用硫酸阿托品缓解。

(2) 用附红净拌料混饮，剂量为每1升水加附红净0.5克，100千克饲料加100克本品。连用5～7日

备注

断奶培育期

第24天

⏲ 时间记录	＿＿年＿＿月＿＿日
☼ 天气记录	室外温度＿＿＿℃ 湿　　度＿＿＿% 室内温度＿＿＿℃ 湿　　度＿＿＿%

日操作安排		
	5：30	喂料前准备
	6：00	饲喂，观察采食情况
	9：00	清粪，打扫圈舍，冲洗粪沟，注意通风换气，排除舍内污浊空气。观察猪群排粪情况
	10：00	检查猪的健康状况，治疗病猪
	11：00	饲喂，观察采食情况
	16：00	饲喂，观察采食情况
	18：00	清粪，打扫圈舍，冲洗粪沟，观察猪群排粪情况
	21：00	饲喂，观察采食情况
	21：30	巡视猪群

日程管理篇 温馨小贴士

第24天

重点提示

◆ **保证断奶仔猪充足的饮水**

断奶仔猪采食大量干饲料，常会感到口渴，要有洁净、充足、爽口的饮用水才能维持体内的新陈代谢。饮用水不洁净，会造成仔猪腹泻，长时间缺水，衰竭死亡。断奶仔猪栏内应安装自动饮水器，而且要经常检查自动饮水器的出水情况，保证随时供给仔猪清洁饮水，避免不必要的损失。断奶仔猪舍多采用鸭嘴式自动饮水器，根据猪只喜爱在潮湿地方排粪尿的习性，饮水器的位置应选在粪沟附近，高度30～35厘米

备注

第25天

时间记录	____年____月____日
天气记录	室外温度____℃ 湿　　度____% 室内温度____℃ 湿　　度____%

日操作安排

5：30	喂料前准备
6：00	饲喂，观察采食情况
9：00	清粪，打扫圈舍，冲洗粪沟，注意通风换气，排除舍内污浊空气。观察猪群排粪情况
10：00	检查猪的健康状况，治疗病猪
11：00	饲喂，观察采食情况
14：00	清粪，打扫圈舍，冲洗粪沟
16：00	饲喂，观察采食情况
18：00	清粪，打扫圈舍，冲洗粪沟，观察猪群排粪情况
21：00	饲喂，观察采食情况
21：30	巡视猪群

知识窗

◆ 僵猪科学饲养

引起僵猪的原因较多，有胎僵，即胎儿先天不足，体重小，生活力差，生长缓慢，造成胎内僵猪；奶僵，母猪没乳或缺乳，导致哺乳仔猪生长发育受阻，造成奶僵；病僵，因仔猪患白痢、红痢或长期患病，久治不愈而形成僵猪；虫僵，由于体内寄生虫侵蚀，使仔猪营养消耗大，影响生长发育而形成僵猪；断奶后僵，由于断奶处理不当，断奶后分群不合理，造成大欺小，强欺弱的现象，或因断奶过早，冬季缺乏保温措施形成僵猪。

症状主要为头小、腹大、肢短、臀部尖、吃食时喜饮水，少吃干食物，且食后不正常休息，跳槽，睡觉时呈犬坐姿势，被毛粗乱，无光泽，皮肤不洁。要根据不同的原因，科学饲养，有针对性地治疗

备注

断奶培育期

第26天

⏲ 时间记录	______年_____月_____日
☼ 天气记录	室外温度________℃ 湿　　度________% 室内温度________℃ 湿　　度________%

日操作安排	时间	内容
	5：30	喂料前准备
	6：00	饲喂，观察采食情况
	8：00	更换场区大门、生产区入口及猪舍门口的消毒液
	9：00	清粪，打扫圈舍，冲洗粪沟，注意通风换气，排除舍内污浊空气。观察猪群排粪情况
	10：00	检查猪的健康状况，治疗病猪
	11：00	饲喂，观察采食情况
	14：00	0.2%～0.3%过氧乙酸带猪消毒
	16：00	饲喂，观察采食情况
	18：00	清粪，打扫圈舍，冲洗粪沟，观察猪群排粪情况
	21：00	饲喂，观察采食情况
	21：30	巡视猪群

知识窗

◆ **猪流感与猪感冒**

猪流行性感冒简称猪流感，是由猪流感病毒引起的一种急性呼吸道传染病。感染猪群表现为突然发病，迅速蔓延全群。该病毒主要存在于病猪和带毒猪的呼吸道分泌物中，饲具、剩料、剩水、病猪、老鼠、蚊蝇、飞沫、空气流通等都是本病的传播途径。

猪感冒多因天气骤变、忽冷忽热、营养不良、体质瘦弱、露宿雨淋、寒风侵袭等引起，而不传染其他猪只，呈散发性发作。

猪流感发生之初，病猪食欲减退或不吃食，眼结膜潮红，眼鼻流出黏液性分泌物，体温迅速升高至40.5～42℃，精神委靡，咳嗽。呈腹式或犬坐式呼吸。便秘，小便呈黄色。四肢无力、不愿行动。常继发巴氏杆菌病、肺炎链球菌病等，死亡率高达10%以上。

患感冒病猪吃食减少，精神不振。体温40℃左右，鼻流清涕。有时咳嗽，耳尖、四肢下部发凉，被毛无光，大、小便一般正常，加强护理几乎无死亡

备注

断奶培育期

第27天

⏲ 时间记录	______年____月____日
☼ 天气记录	室外温度________℃ 湿　　度________% 室内温度________℃ 湿　　度________%

日操作安排		
	5：30	喂料前准备
	6：00	饲喂，观察采食情况
	9：00	清粪，打扫圈舍，冲洗粪沟，注意通风换气，排除舍内污浊空气。观察猪群排粪情况
	10：00	检查猪的健康状况，治疗病猪
	11：00	饲喂，观察采食情况
	14：00	清粪，打扫圈舍，冲洗粪沟，观察猪群排粪情况
	16：00	饲喂，观察采食情况
	18：00	清粪，打扫圈舍，冲洗粪沟
	21：00	饲喂，观察采食情况
	21：30	巡视猪群

第27天

断奶培育期

知识窗

◆ **猪流感与猪感冒的防治**

猪流感病变主要集中在呼吸器官。鼻、喉、气管和支气管黏膜充血，表面有大量泡沫状黏液，有时伴有血液。肺病变部呈紫红色如鲜牛肉状。

猪流感的防控关键：加强饲养管理和预防，注意气候变化，及时取暖保温，提供充足洁净的饮水，注意控制并发或继发感染。一旦发现本病，应立即采取隔离治疗措施，防止健康猪与感染猪接触。对发病猪群，采取对症治疗和使用适当的抗菌药物，控制细菌性继发感染。例如，注射青霉素和柴胡有利于退烧并防止激发感染。做好猪舍内外的定期消毒，场区和猪舍根据自身情况每1～3天进行一次消毒。场区消毒可用2%～3%的火碱，猪舍内带猪消毒可用氯制剂、碘制剂、过氧乙酸等

备注

断奶培育期

第28天

◷ 时间记录	______年____月____日
☼ 天气记录	室外温度________℃ 湿　　度________% 室内温度________℃ 湿　　度________%

日操作安排		
	5：30	喂料前准备
	6：00	饲喂，观察采食情况
	8：00	生理盐水稀液，耳后根肌内注射猪瘟疫苗（加强）4头份
	9：00	清粪，打扫圈舍，冲洗粪沟，注意通风换气，排除舍内污浊空气。观察猪群排粪情况
	10：00	检查猪的健康状况，观察猪接种疫苗后的反应，治疗病猪
	11：00	饲喂，观察采食情况
	16：00	饲喂，观察采食情况
	18：00	清粪，打扫圈舍，冲洗粪沟，观察猪群排粪情况
	21：00	饲喂，观察采食情况
	21：30	巡视猪群

知识窗

◆ **猪瘟的临床症状**

根据临床症状和其他特征，猪瘟可分为急性、慢性、非典型性和迟发性4种类型。

1. 急性猪瘟 病猪体温升高至40～42℃，精神沉郁、寒战、弓背；病初便秘，随后出现糊状或水样并混有血液的腹泻，大便恶臭；结膜发炎，有脓性分泌物，口腔黏膜不洁、齿龈和唇内以及舌体上可见有溃疡或出血斑；后期鼻端、唇、耳、四脚、腹下及腹内侧等处皮肤上有大小不等的紫红色斑点，指压不褪色。

2. 慢性猪瘟 病猪体温时高时低，食欲时好时坏，便秘和腹泻交替发生；贫血、消瘦和全身衰弱，一般病程超过1个月；耳尖、尾根和四肢皮肤坏死或脱落。

3. 非典型猪瘟 又称亚临床猪瘟，临床症状与解剖病变不典型，发病率与死亡率显著降低，病程明显延。新生仔猪感染死亡率较高；妊娠母猪感染出现流产，出现胎儿干尸、死胎及畸形胎。

4. 迟发型猪瘟 是先天感染的后遗症，感染猪出生后一段时间内不表现症状，数月后出现轻度厌食、不活泼、结膜炎、后躯麻痹，但体温正常，可存活半年后死亡

备注

断奶培育期

第29天

时间记录	____年____月____日
天气记录	室外温度________℃ 湿　　度________% 室内温度________℃ 湿　　度________%

日操作安排

5：30	喂料前准备
6：00	饲喂，观察采食情况
8：00	领取一周的饲料
9：00	清粪，打扫圈舍，冲洗粪沟，注意通风换气，排除舍内污浊空气。观察猪群排粪情况
10：00	检查猪的健康状况，治疗病猪
11：00	饲喂，观察采食情况
16：00	饲喂，观察采食情况
18：00	清粪，打扫圈舍，冲洗粪沟，观察猪群排粪情况
21：00	饲喂，驱虫（将一定剂量的驱虫药加入料中），观察采食情况
21：30	巡视猪群

日程管理篇 温馨小贴士

第29天 断奶培育期

知识窗

◆ 商品猪驱虫

对于自繁自养的猪场，一般在保育猪45～56日龄（体重30千克左右）时进行一次驱虫即可；如果是外购的仔猪，在购入7天后进行驱虫1次，育肥猪在60日龄左右再驱虫1次。驱虫宜在晚上进行。喂驱虫药前应先停喂一餐，使拌有药物的饲料能让猪一次全部吃完，以节省药物和提高疗效。

常用驱虫药物与使用方法为：阿维菌素粉剂，拌料，每千克体重每日100微克，连用7天；伊维菌素注射剂，颈部皮下注射，每千克体重0.3毫克；内服左旋咪唑每千克体重8毫克、丙硫苯咪唑每千克体重100毫克；溴氰菊酯喷洒使用，可防治体外寄生虫，如疥螨感染等，使用至清除为止。

注意事项：仔猪驱虫后要及时采取堆积发酵、焚烧或深埋的方法清理舍内的粪便，并用10%～20%的石灰乳或漂白粉液对舍内地面、墙壁、饲槽进行消毒，以杀灭寄生虫虫卵，减少仔猪二次感染的机会

备注

◆ 本周工作重点

要搞好仔猪转群前的驱虫工作

断奶培育期

第30天

◷ 时间记录	____年____月____日
☼ 天气记录	室外温度________℃ 湿　　度________% 室内温度________℃ 湿　　度________%

日操作安排	时间	内容
	5：30	喂料前准备
	6：00	饲喂，观察采食情况
	8：00	更换场门口、生产区入口及猪舍门口的消毒液
	9：00	清粪，打扫圈舍，冲洗粪沟，注意通风换气，排除舍内污浊空气。观察猪群排粪情况
	10：00	检查猪的健康状况，治疗病猪
	11：00	饲喂，观察采食情况
	16：00	饲喂，观察采食情况
	18：00	清粪，打扫圈舍，冲洗粪沟，观察猪群排粪情况
	21：00	饲喂，驱虫（将一定剂量的驱虫药加入料中），观察采食情况
	21：30	巡视猪群

知识窗

◆ **改熟喂为生喂**

青饲料、谷实类饲料、糠麸类饲料，含有维生素和有助于猪消化的酶，这些饲料煮熟后，破坏了维生素和酶，引起蛋白质变性，降低了赖氨酸的利用率。试验证明，谷实饲料由于煮熟过程的耗损和营养物质的破坏，利用率比生喂降低了10%。生料饲喂肉猪，平均日增重比熟喂提高10%，每增1千克体重可节省精料0.2～0.3千克，干物质消化率二者无差别，蛋白质消化率生喂比熟喂高。同时熟喂还增加设备、增加投资、增加劳动强度、耗损燃料。所以，要改熟喂为生喂

备注

断奶培育期

第31天

◷ 时间记录	______年____月____日
☼ 天气记录	室外温度________℃ 湿　　度________% 室内温度________℃ 湿　　度________%

日操作安排	时间	内容
	5：30	喂料前准备
	6：00	饲喂，观察采食情况
	9：00	清粪，打扫圈舍，冲洗粪沟，注意通风换气，排除舍内污浊空气。观察猪群排粪情况
	10：00	检查猪的健康状况，治疗病猪
	11：00	饲喂，观察采食情况
	14：00	清粪，打扫圈舍，冲洗粪沟
	16：00	饲喂，观察采食情况
	18：00	清粪，打扫圈舍，冲洗粪沟，观察猪群排粪情况
	21：00	饲喂，驱虫（将一定剂量的驱虫药加入料中），观察采食情况
	21：30	巡视猪群

知识窗

◆ **定时定量饲喂**

定时就是每天喂猪的时间和次数要固定，这样可提高猪的食欲，促进消化液定时分泌，提高饲料消化率。如果饲喂次数忽多忽少，饲喂时间忽早忽晚，就会打乱猪的生活规律，降低食欲和消化机能，并易引发胃肠病。生产上一般仔猪日喂三四次，生长育肥猪日喂两三次，饲喂的时间间隔应均衡。定量即掌握好每天每次的喂量，一般以不剩料、不舔槽为宜，不可忽多忽少，以免引起猪消化不良、腹泻。

确定饲喂时间要根据生活习惯、气候条件等确定。冬天早晨要早、晚上要迟；夏天要避开炎热的中午，最好调整到中午12时至下午3时不要饲喂

备注

断奶培育期

第32天

时间记录	____年____月____日
天气记录	室外温度________℃ 湿　　度________% 室内温度________℃ 湿　　度________%

日操作安排

5：30	喂料前准备
6：00	饲喂，观察采食情况
9：00	清粪，打扫圈舍，冲洗粪沟，注意通风换气，排除舍内污浊空气。观察猪群排粪情况
10：00	检查猪的健康状况，治疗病猪
11：00	饲喂，观察采食情况
14：00	清粪，打扫圈舍，冲洗粪沟，观察猪群排粪情况
16：00	饲喂，观察采食情况
18：00	清粪，打扫圈舍，冲洗粪沟
21：00	饲喂，驱虫（将一定剂量的驱虫药加入料中），观察采食情况
21：30	巡视猪群

知识窗

◆ **改稀喂为湿喂**

稀料饲喂有如下缺点：

第一，水分多，干物质少，影响猪对营养的采食量，造成营养的缺乏，必然长得慢。

第二，干物质进食量少，猪经常有饥饿感，导致情绪不安、跳栏、拱墙。

第三，影响饲料营养的消化率。喂的饲料太稀，猪来不及咀嚼，连水带料进入胃、肠，影响消化和胃、肠消化酶的活性，酶与饲料没有充分接触，即使接触，由于水把消化液冲淡，猪对饲料的利用率必然降低。

第四，喂料过稀，易造成肚大下垂，屠宰率必然下降。

采用湿喂是改善饲料的饲养效果的重要措施，应先喂湿料，后喂青饲料，自由饮水。这样既可增加猪对营养物质的采食量，又可减少因排泄多造成的能量损耗

备注

断奶培育期 第33天

时间记录	____年____月____日
天气记录	室外温度________℃ 湿　　度________% 室内温度________℃ 湿　　度________%

日操作安排

5：30	喂料前准备
6：00	饲喂，观察采食情况
8：00	更换场区大门、生产区入口以及猪舍门口的消毒液
9：00	清粪，打扫圈舍，冲洗粪沟，注意通风换气，排除舍内污浊空气。观察猪群排粪情况
10：00	检查猪的健康状况，治疗病猪
11：00	饲喂，观察采食情况
14：00	用1：60～100的威力碘带猪消毒
16：00	饲喂，观察采食情况
18：00	清粪，打扫圈舍，冲洗粪沟，观察猪群排粪情况
21：00	饲喂，驱虫（将一定剂量的驱虫药加入料中），观察采食情况
21：30	巡视猪群

知识窗

◆ 湿料饲喂断奶仔猪的优点

湿喂料是干饲料和水、食品加工液等按一定比例配合而成的混合物，不同于稀料。采用湿喂料可有效地减少断奶应激，促进仔猪断奶后正常的生长发育。

第一，有利于维持仔猪断奶后健康的消化道环境，预防腹泻等疾病。湿喂料的物理形态与母乳较为相似，可减少饲料形态突变对消化道结构和功能的不利影响。

第二，有利于提高仔猪的采食量和饮水量。刚断奶仔猪往往还不能完全适应干饲料。而湿喂料的形态与母乳相似，不仅方便仔猪采食，而且有利于促进仔猪胃肠道的发育，增大消化道容积。

第三，有利于减少饲料粉尘。采用湿喂法时，饲料拌湿后粉尘减少，不仅减少了饲料浪费，而且减少了因饲料粉尘引起的仔猪呼吸道疾病

备注

不同类型的消毒剂要交替使用，每月轮换一次。长期使用一种消毒剂，会降低杀菌效果或产生抗药性

第34天

◷ 时间记录	____年____月____日
☼ 天气记录	室外温度______℃ 湿　　度______% 室内温度______℃ 湿　　度______%

日操作安排		
	5：30	喂料前准备
	6：00	饲喂，观察采食情况
	9：00	清粪，打扫圈舍，冲洗粪沟，注意通风换气，排除舍内污浊空气。观察猪群排粪情况
	10：00	检查猪的健康状况，治疗病猪
	11：00	饲喂，观察采食情况
	16：00	饲喂，观察采食情况
	18：00	清粪，打扫圈舍，冲洗粪沟，观察猪群排粪情况
	21：00	饲喂，驱虫（将一定剂量的驱虫药加入料中），观察采食情况
	21：30	巡视猪群

知识窗

◆ **采用湿料饲喂断奶仔猪注意事项**

使用湿料饲喂技术应注意以下几点：

第一，湿喂料的干物质浓度要适宜。水、饲料比为5：1左右效果较好，随着仔猪日龄的增加可逐渐提高干饲料的比例。

第二，保证充足的营养供给。良好的湿喂料必须能给断奶仔猪提供充足的蛋白质、能量、矿物质等营养，所以用于配制湿喂料的干饲料原料需要有很高的营养浓度。

第三，保持湿喂料和料槽的清洁。采用发酵法配制湿喂料时，料槽中残留饲料含有大量有益微生物，不会霉变，但用其他湿喂方法时，需要经常清扫料槽，防止霉菌等有害微生物引起剩余的饲料腐败变质。

第四，寒冷季节要注意湿料温度

备注

断奶培育期

第35天

⏲ 时间记录	_____年____月____日
☼ 天气记录	室外温度_______℃ 湿　　度_______% 室内温度_______℃ 湿　　度_______%

日操作安排	时间	内容
	5：30	喂料前准备
	6：00	饲喂，观察采食情况
	8：00	耳后根肌内注射蓝耳病疫苗（加强）一头份
	9：00	清粪，打扫圈舍，冲洗粪沟，注意通风换气，排除舍内污浊空气。观察猪群排粪情况
	10：00	检查猪的健康状况，观察猪接种疫苗后的反应，治疗病猪
	11：00	饲喂，观察采食情况
	16：00	饲喂，观察采食情况
	18：00	清粪，打扫圈舍，冲洗粪沟，观察猪群排粪情况
	21：00	饲喂，驱虫（将一定剂量的驱虫药加入料中），观察采食情况
	21：30	巡视猪群

重点提示

◆ **减少蚊蝇和老鼠的危害**

当进入夏季时，蚊蝇是猪场疾病的重要传播媒介。定期对场舍及环境喷洒卫生用菊酯类杀虫药，尤其是积水处，如排粪沟、污水池，以减少蚊蝇、螨虫等滋生。同时，根据鼠害情况进行每年一到两次的灭鼠

备注

第36天

⏲ 时间记录	____年____月____日
☼ 天气记录	室外温度________℃ 湿　　度________% 室内温度________℃ 湿　　度________%

日操作安排		
	5：30	喂料前准备
	6：00	饲喂，观察采食情况
	8：00	领取一周的饲料
	9：00	清粪，打扫圈舍，冲洗粪沟，注意通风换气，排除舍内污浊空气。观察猪群排粪情况
	10：00	检查猪的健康状况，治疗病猪
	13：00	饲喂，观察采食情况
	16：00	清粪，打扫圈舍，冲洗粪沟，观察猪群排粪情况
	20：00	饲喂，观察采食情况
	20：30	巡视猪群

知识窗

◆ **及时调整饲料**

根据猪生理特点的变化，当猪的体重达20千克以后即进入生长猪阶段。生长阶段的猪抵抗力增强，适应性提高，消化力趋于完善，配制饲料时可以适当选用一些价格较低的原料，如棉籽饼、菜籽饼等，以降低饲养成本。

此外，生长猪阶段是猪体骨骼快速生长阶段，必须注意钙、磷与维生素D的供应，尤其在农村养猪中必须引起重视。

合理使用诱食剂。为了避免由仔猪料向生长猪饲料过渡而导致采食量下降，可以适当使用一定量的香味剂，如鱼腥味添加剂等，以降低饲料原料味道的差异，待生长猪适应新的饲料配方后再逐步取消该添加剂的使用。

更换饲料一般用7天左右的时间，每天用生长猪料更换仔猪料的1/7，直到全部换为生长猪料为止

备注

◆ **总结本周工作**

本周工作重点：为仔猪转群做好准备；调整饲养制度，由日喂4次调整为日喂3次

第37天

时间记录	____年____月____日
天气记录	室外温度________℃ 湿　　度________% 室内温度________℃ 湿　　度________%

日操作安排

5：30	喂料前准备
6：00	饲喂，观察采食情况
8：00	更换场门口、生产区入口及猪舍门口的消毒液
9：00	清粪，打扫圈舍，冲洗粪沟，注意通风换气，排除舍内污浊空气。观察猪群排粪情况
10：00	检查猪的健康状况，治疗病猪
13：00	饲喂，观察采食情况
16：00	清粪，打扫圈舍，冲洗粪沟，观察猪群排粪情况
20：00	饲喂，观察采食情况
20：30	巡视猪群

日程管理篇 温馨小贴士

第37天 断奶培育期

知识窗

◆ **断奶仔猪多系统衰竭综合征防治**

该病目前尚无疫苗和有效治疗方法。只能针对本病的诱因做好猪的保健工作加以预防。

1. 15日龄以内的仔猪不注射灭活苗。

2. 种猪群按规定接种猪细小病毒和猪繁殖与呼吸综合征疫苗，使仔猪在幼龄时能通过初乳获得对该病的免疫力。

3. 消除断奶应激，过好断奶关。断奶仔猪按窝组群，不混群。

4. 作好断奶仔猪的保暖、防湿和猪舍空气流通。

5. 定期消毒猪舍。

6. 降低饲养密度，提供舒适环境，以进一步减少对仔猪的环境应激。

7. 一旦发病，可使用广谱抗生素治疗，及时预防继发感染，如泰乐菌素每吨全价料中加100克

备注

第38天

◷ 时间记录	____年____月____日
☼ 天气记录	室外温度____℃ 湿　　度____% 室内温度____℃ 湿　　度____%

日操作安排		
	5：30	喂料前准备
	6：00	饲喂，观察采食情况
	9：00	清粪，打扫圈舍，冲洗粪沟，注意通风换气，排除舍内污浊空气。观察猪群排粪情况
	10：00	检查猪的健康状况，治疗病猪
	13：00	饲喂，观察采食情况
	16：00	清粪，打扫圈舍，冲洗粪沟，观察猪群排粪情况
	20：00	饲喂，观察采食情况
	20：30	巡视猪群

知识窗

◆ **粪便反映猪的营养状况**

粪便是反映仔猪对饲料消化与饲料营养水平的重要标志。正常的粪便颜色发黑、表面光泽、呈长串，长12厘米左右，直径2.0～2.5厘米。如粪便中发现有未消化的饲料则是消化不良，应减少饲喂量；粪干呈小粒，是饲养不足，应增加饲料量，同时加喂青饲料，并检查水的供应情况；粪稀软不成块常常表现为粗料太多。

观察猪的粪便在清晨，因为猪一般在天快亮时要排一次便，这时候粪便新鲜易于发现问题，再者晚上排的粪便因猪活动少未被踩烂，容易发现问题。如果粪便稀烂、腥臭，混有鼻涕状的黏液，有可能是猪消化不良或慢性胃肠炎。同栏猪个别生长缓慢、毛长枯乱、消瘦，很可能是猪患消耗性疾病，如寄生虫病、消化道实质器官疾病和热性疾病

备注

断奶培育期

第39天

◷ 时间记录	＿＿年＿＿月＿＿日
☼ 天气记录	室外温度＿＿＿＿℃ 湿　　度＿＿＿＿% 室内温度＿＿＿＿℃ 湿　　度＿＿＿＿%

日操作安排		
	5：30	喂料前准备
	6：00	饲喂，观察采食情况
	9：00	清粪，打扫圈舍，冲洗粪沟，注意通风换气，排除舍内污浊空气。观察猪群排粪情况
	10：00	检查猪的健康状况，治疗病猪
	13：00	饲喂，观察采食情况
	16：00	清粪，打扫圈舍，冲洗粪沟，观察猪群排粪情况
	20：00	饲喂，观察采食情况
	20：30	巡视猪群

知识窗

◆ 常用中草药饲料添加剂

目前饲料里面的保健类成分越来越受到重视。许多学者试图使用中草药添加剂以减少药物添加量。中草药用作饲料添加剂，其种类繁多、功能各异，需要组合使用。仔猪生产中常用的中草药有：

1. 清热解毒、杀菌消炎类 石膏、栀子、芦根、黄芩、黄檗、马齿苋、白头翁、龙胆草、苦参、金银花、连翘、板蓝根、鱼腥草、青蒿、紫苏、柴胡、白芷、菊花、桑叶、葛根、黄荆子、荆芥、小茴香等。

2. 健脾消食理气类 山楂、麦芽、六神曲、陈皮、枳实、厚朴、木香。

3. 祛邪扶正补益类 何首乌、黄芪、山药、当归、白术、杜仲、五味子、甘草、白芍等

备注

断奶培育期

第40天

⏲ 时间记录	____年____月____日
☼ 天气记录	室外温度________℃ 湿　　度________% 室内温度________℃ 湿　　度________%

日操作安排	时间	内容
	5：30	喂料前准备
	6：00	饲喂，观察采食情况
	8：00	更换场区门口、生产区入口及猪舍门口的消毒液
	9：00	清粪，打扫圈舍，冲洗粪沟，注意通风换气，排除舍内污浊空气。观察猪群排粪情况
	10：00	检查猪的健康状况，治疗病猪
	13：00	饲喂，观察采食情况
	14：00	用1∶60～100的威力碘带猪消毒
	16：00	清粪，打扫圈舍，冲洗粪沟，观察猪群排粪情况
	20：00	饲喂，观察采食情况
	20：30	巡视猪群

重点提示

◆ **兽药使用误区**

1. 误区一：青霉素万能 现在许多养猪户都备有青霉素，只要猪出现不食、停食现象，就不加分析和诊断，盲目地注射青霉素。其实，青霉素只对革兰氏阳性菌和少数革兰氏阴性菌有效果。

2. 误区二：阿托品解百毒 许多养猪户认为阿托品能解百毒，不论是饲料中毒、农药中毒都注射阿托品，实际上阿托品是解有机磷中毒的，且必须和氯磷定合用才可彻底解毒。

3. 误区三：抗菌素种类越多越好 有人认为多用几种抗菌素，总会有一二种起作用，由此造成病菌耐药性增强。

4. 误区四：随意配伍，加大剂量 虽然有些药物配伍有增强疗效的作用，但磺胺类药与青霉素合用，就会降低青霉素的效果；磺胺类药与维生素C合用，会产生沉淀。另外，用户不能随意更改药物使用剂量，尤其是限量的药物，随意加大剂量会导致中毒，甚至造成死亡

备注

断奶培育期

第41天

◷ 时间记录	____年____月____日
☼ 天气记录	室外温度________℃ 湿　　度________% 室内温度________℃ 湿　　度________%

日操作安排		
	5：30	喂料前准备
	6：00	饲喂，观察采食情况
	9：00	清粪，打扫圈舍，冲洗粪沟，注意通风换气，排除舍内污浊空气。观察猪群排粪情况
	10：00	检查猪的健康状况，治疗病猪
	13：00	饲喂，观察采食情况
	16：00	清粪，打扫圈舍，冲洗粪沟，观察猪群排粪情况
	20：00	饲喂，观察采食情况
	20：30	巡视猪群

重点提示

◆ **转群分群**

达到30千克左右体重的仔猪要及时转入生长猪舍饲养。转群时按体重大小、来源、性别、体质强弱，吃料快慢进行分群。同栏猪只，小猪阶段的体重大小不宜超过4～5千克，大猪不宜超过7～10千克，分栏合群时应采取留弱不留强、拆多不拆少、夜并昼不并等方法，每群猪数应根据猪的年龄、猪舍设备、圈养密度和饲喂方式确定。

猪转群时的调整一般进行内部微调，即同一猪栏内的猪只最好仍在同栏饲养，不做大的调整，以免猪只打斗造成猪体重下降

备注

断奶培育期

第42天

⏲ 时间记录	____年____月____日
☼ 天气记录	室外温度________℃ 湿　　度________% 室内温度________℃ 湿　　度________%

日操作安排		
	5：30	喂料前准备
	6：00	饲喂，观察采食情况
	8：00	耳后根肌内注射仔猪副伤寒疫苗和猪丹毒、猪肺疫二联苗各一头份
	9：00	清粪，打扫圈舍，冲洗粪沟，注意通风换气，排除舍内污浊空气。观察猪群排粪情况
	10：00	检查猪的健康状况，观察猪接种疫苗后的反应，治疗病猪
	13：00	饲喂，观察采食情况
	16：00	清粪，打扫圈舍，冲洗粪沟，观察猪群排粪情况
	20：00	饲喂，观察采食情况
	20：30	巡视猪群

重点提示

◆ **仔猪阶段饲养工作总结**

总结仔猪饲料总消耗、药品总消耗、死亡数、总增重。计算仔猪死亡率、饲料报酬、单位增重药品消耗、仔猪体重均匀度。评价仔猪培养效果。

断奶仔猪饲养效果判断标准

周龄	活重（千克）	日增重（克）
5	10.3	343
6	13.0	386
7	16.4	486
8	20.3	557
9	24.8	643
10	30.0	743

备注

认真填写仔猪饲养异动表，做好统计和记录工作

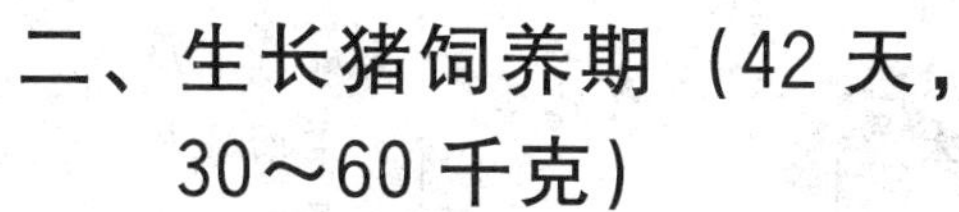

二、生长猪饲养期（42天，30～60千克）

生长猪饲养期要搞好饲养管理，减小猪只因饲料和环境条件改变产生应激的程度，实现猪饲养管理的平稳过渡，生长速度、饲料报酬达到最佳程度。

1. 由仔猪培育室转群来的生长猪按猪只的大小、强弱分舍、分栏饲养。要挂牌标出转入时间。

2. 转群后一周内做好调教，使猪只采食、排泄、休息实现“三定位”。

3. 采用自由采食的饲喂方法，保持料槽中有足够饲料。每天上午和下午都要检查采食槽中饲料的情况，如饲料不漏或漏出过多都要及时处理。饲料如有浪费，或被猪拱出，或加料撒出要及时回收，杜绝人为浪费。

4. 每天要认真观察猪群采食、排粪和猪只的精神状况，发现问题要及时向兽医或技术人员报告，并及时处理。

生长猪饲养期

第1天

时间记录	____年____月____日
天气记录	室外温度______℃ 湿　　度______% 室内温度______℃ 湿　　度______%

日操作安排		
	5：30	喂料前准备
	6：00	饲喂，观察采食情况
	8：00	领取一周的饲料
	9：00	清粪，打扫圈舍，冲洗粪沟，注意通风换气，排除舍内污浊空气，观察猪群排粪情况
	10：00	检查猪的健康状况，治疗病猪
	13：00	饲喂，观察采食情况
	16：00	清粪，打扫圈舍，冲洗粪沟，观察猪群排粪情况
	20：00	饲喂，观察采食情况
	20：30	巡视猪群

友情提示

◆ **本周工作要点**

搞好饲料更换、调整饲喂制度，使仔猪快速适应新环境。

猪在新合群或调入新圈后，要及时加以调教，重点抓好两项工作：

第一是防止强夺弱食。为保证每头猪都能吃到、吃饱，应备有足够长度的饲槽，对喜霸槽争食的猪要勤赶、勤教。

第二是训练猪养成“三定位”的习惯。使猪采食、睡觉、排泄地点固定在圈内三处，形成条件反射，以保持圈舍清洁、干燥，有利于猪的生长

备注

第2天

⊙ 时间记录	____年____月____日
☼ 天气记录	室外温度________℃ 湿　　度________% 室内温度________℃ 湿　　度________%

日操作安排		
	5：30	喂料前准备
	6：00	饲喂，观察采食情况
	8：00	更换场门口、生产区入口及猪舍门口的消毒液
	9：00	清粪，打扫圈舍，冲洗粪沟，注意通风换气，排除舍内污浊空气，观察猪群排粪情况
	10：00	检查猪的健康状况，治疗病猪
	13：00	饲喂，观察采食情况
	16：00	清粪，打扫圈舍，冲洗粪沟，观察猪群排粪情况
	20：00	饲喂，观察采食情况
	20：30	巡视猪群

重点提示

◆ **适宜的圈养密度**

一般以每头猪所占面积来表示。圈养密度越大，猪呼吸排出的水汽量越多，粪尿量越大，舍内湿度也越高；舍内有害气体、微生物数量增多，空气卫生状况恶化；猪的争斗次数明显增多，休息时间减少，影响猪的健康、增重和饲料利用率。实践证明，30～60千克的生长育肥猪每头所需面积为0.6～1.0米^2，60千克以上的育肥猪每头需1.0～1.2米^2，每圈头数以10～20头为宜。在我国北方，平均气温低、气候较干燥，可适当增加饲养密度；南方夏季气温较高，湿度大，应适当降低饲养密度

备注

第3天

⏲ 时间记录	____年____月____日
☼ 天气记录	室外温度________℃ 湿　　度________% 室内温度________℃ 湿　　度________%

日操作安排		
	5：30	喂料前准备
	6：00	饲喂，观察采食情况
	9：00	清粪，打扫圈舍，冲洗粪沟，注意通风换气，排除舍内污浊空气，观察猪群排粪情况
	10：00	检查猪的健康状况，治疗病猪
	13：00	饲喂，观察采食情况
	16：00	清粪，打扫圈舍，冲洗粪沟，观察猪群排粪情况
	20：00	饲喂，观察采食情况
	20：30	巡视猪群

知识窗

◆ **直线育肥法**

直线育肥法就是给予猪丰富营养，中期不减料，要求在4月龄体重达到90～100千克。饲养方法：

第一，育肥小猪选择二品种或三品种杂交仔猪，要求发育正常，身体健康、无病。

第二，肥育开始前7～10天，按品种、体重、强弱分栏、阉割、驱虫、防疫。

第三，正式肥育期3～4个月，要求日增重达1.2～1.4千克。

第四，日粮营养水平，要求前期（20～60千克）每千克饲粮含粗蛋白质16%～18%，消化能12.97～13.39兆焦，后期（61～100千克）粗蛋白质13%～14%，消化能12.55～12.97兆焦。

第五，每天喂3餐，自由采食，前期每天喂料1.2～2.0千克，后期2.1～3.0千克

备注

第4天

时间记录	____年____月____日
天气记录	室外温度____℃ 湿　　度____% 室内温度____℃ 湿　　度____%

日操作安排		
	5：30	喂料前准备
	6：00	饲喂，观察采食情况
	9：00	清粪，打扫圈舍，冲洗粪沟，注意通风换气，排除舍内污浊空气，观察猪群排粪情况
	10：00	检查猪的健康状况，治疗病猪
	13：00	饲喂，观察采食情况
	16：00	清粪，打扫圈舍，冲洗粪沟，观察猪群排粪情况
	20：00	饲喂，观察采食情况
	20：30	巡视猪群

日程管理篇 温馨小贴士

第4天 生长猪饲养期

知识窗

◆ **前攻后限育肥法**

过去养肉猪，多在出栏前1～2个月进行加料猛攻，结果使猪生产大量脂肪。这种育肥不能满足当今人们对瘦肉的需要。必须采用前攻后限的育肥法，以增加瘦肉含量。前攻后限的饲喂方法：仔猪在60千克前，采用高能量、高蛋白日粮，每千克混合料粗蛋白质16%～18%，消化能12.97～13.39兆焦，日喂2～3餐，每餐自由采食，尽量发挥小猪早期生长快的优势，要求日增重达1～1.2千克。在60～100千克阶段，采用中能量、中蛋白，每千克饲料含粗蛋白约13%～14%，消化能12.13～12.55兆焦，日喂2餐，采用限量饲喂，每天只吃80%的营养量，以减少脂肪沉积，要求日增重0.6～0.8千克。为了不使猪挨饿，在饲料中可增加粗料比例，使猪既能吃饱，又不会过肥

备注

生长猪饲养期

第5天

◷ 时间记录	______年____月____日
☼ 天气记录	室外温度________℃ 湿　　度________% 室内温度________℃ 湿　　度________%

日操作安排	时间	内容
	5：30	喂料前准备
	6：00	饲喂，观察采食情况
	8：00	更换场门口、生产区入口及猪舍门口的消毒液
	9：00	清粪，打扫圈舍，冲洗粪沟，注意通风换气，排除舍内污浊空气，观察猪群排粪情况
	10：00	检查猪的健康状况，治疗病猪
	13：00	饲喂，观察采食情况
	14：00	用1 ∶ 60～100的威力碘带猪消毒
	16：00	清粪，打扫圈舍，冲洗粪沟，观察猪群排粪情况
	20：00	饲喂，观察采食情况
	20：30	巡视猪群

知识窗

◆ **吊架子育肥法**

该法是我国人民根据猪的肉、脂、皮、骨的生长规律，从广大农村以青饲料为主的传统养猪饲养实际出发，把猪的整个育肥期分为几个阶段，分别利用营养水平不同的饲料，将精料重点放在小猪和催肥阶段，在中间阶段主要利用青粗饲料，以节约精料的育肥方法。目前饲养的杜长大三元杂交猪不宜采用此法。

该法适用于生长速度慢的地方猪种，以及含有地方猪种血液的杂交商品猪。饲养中可以充分利用优质饲草资源与消化率相对差的饲料，养猪成本较低，育肥期长，猪肉风味好。现在推广的有机猪肉生产，可以利用这种方法

备注

第6天

时间记录	____年____月____日
天气记录	室外温度________℃ 湿　　度________% 室内温度________℃ 湿　　度________%

日操作安排

5：30	喂料前准备
6：00	饲喂，观察采食情况
9：00	清粪，打扫圈舍，冲洗粪沟，注意通风换气，排除舍内污浊空气，观察猪群排粪情况
10：00	检查猪的健康状况，治疗病猪
13：00	饲喂，观察采食情况
16：00	清粪，打扫圈舍，冲洗粪沟，观察猪群排粪情况
20：00	饲喂，观察采食情况
20：30	巡视猪群

知识窗

◆ **多阶段肥育法**

该法是近年来在欧洲广泛使用的一种肉猪饲养方式，即根据猪在不同阶段的营养需求不同，配制不同营养组成的饲料进行饲养的一种方法。采用前面探讨过的任何一种饲养方式，都不可避免地在猪的某些阶段表现出营养不足或过剩，这种方法可以在不同阶段配合更贴近猪体营养需求的饲料进行饲喂。

实践中，人们一般配制高营养与低营养两种饲料，在不同的饲养阶段，使用由这两种饲料不同比例混合后的饲料，以满足猪特定生理阶段的需要

备注

第7天

时间记录	____年____月____日
天气记录	室外温度________℃ 湿　　度________% 室内温度________℃ 湿　　度________%

日操作安排

5：30	喂料前准备
6：00	饲喂，观察采食情况
8：00	耳后根肌内注射口蹄疫疫苗3毫升（加强）
9：00	清粪，打扫圈舍，冲洗粪沟，注意通风换气，排除舍内污浊空气，观察猪群排粪情况
10：00	检查猪的健康状况，观察猪接种疫苗后的反应，治疗病猪
13：00	饲喂，观察采食情况
16：00	清粪，打扫圈舍，冲洗粪沟，观察猪群排粪情况
20：00	饲喂，观察采食情况
20：30	巡视猪群

重点提示

◆ **控制好猪舍小气候**

要尽量控制好猪舍小气候，主要是温度、湿度、光照、空气新鲜度。其中温度最为重要。在炎热的夏天，每天可用水冲洗栏内地面和给猪洗浴1～2次，冲洗时，要避免突然冲洗头部，以免头部血管剧烈收缩而引起休克、死亡。冬天要注意防寒保暖、加厚垫草、关窗塞洞，防止冷风侵袭

备注

第8天

⏲ 时间记录	____年____月____日
☼ 天气记录	室外温度________℃ 湿　　度________% 室内温度________℃ 湿　　度________%

日操作安排		
	5：30	喂料前准备
	6：00	饲喂，观察采食情况
	8：00	领取一周的饲料
	9：00	清粪，打扫圈舍，冲洗粪沟，注意通风换气，排除舍内污浊空气，观察猪群排粪情况
	10：00	检查猪的健康状况，治疗病猪
	13：00	饲喂，观察采食情况
	16：00	清粪，打扫圈舍，冲洗粪沟，观察猪群排粪情况
	20：00	饲喂，观察采食情况
	20：30	巡视猪群

日程管理篇 温馨小贴士

第 8 天

生长猪饲养期

知识窗

◆ **猪的神态和食欲观察技术**

要经常观察猪群，做到平时看神态、吃时看食欲、清扫看粪便。发现问题，及时解决。一般健康猪的表现是：反应灵敏，鼻端湿润发凉，皮毛光滑，眼光有神。走路摇头摆尾，喂料争先恐后，食欲旺盛，睡时四肢摊开，呼吸均匀，尿清无色，粪便成条，体温 38～39℃，呼吸每分钟 10～20 次，心跳每分钟 60～80 次。如果喂料时大部分猪都争先上槽，只有个别猪仍不动或吃几口就离开，可能这头猪已患病，须进一步检查。如果喂料时全栏猪都不来吃或只吃几口，可能是饲料方面的问题或猪的中毒。同栏猪个别生长缓慢，毛长枯乱、消瘦，很可能是猪患生长方面的消耗性疾病，如寄生虫病、消化道实质器官疾病和热性疾病

备注

◆ **一周总结**

要对本周工作进行总结，主要包括药物、饲料的消耗情况，猪病的发生与流行情况，了解猪只的生长发育情况

第9天

⏲ 时间记录	____年____月____日
☼ 天气记录	室外温度________℃ 湿　　度________% 室内温度________℃ 湿　　度________%

日操作安排	时间	内容
	5：30	喂料前准备
	6：00	饲喂，观察采食情况
	8：00	更换场门口、生产区入口及猪舍门口的消毒液
	9：00	清粪，打扫圈舍，冲洗粪沟，注意通风换气，排除舍内污浊空气，观察猪群排粪情况
	10：00	检查猪的健康状况，治疗病猪
	13：00	饲喂，观察采食情况
	16：00	清粪，打扫圈舍，冲洗粪沟，观察猪群排粪情况
	20：00	饲喂，观察采食情况
	20：30	巡视猪群

知识窗

◆ 掌握生长规律　确保营养供给

1. 生长肥育猪的增重规律　生长肥育猪的绝对生长以平均日增重来度量，表现为先慢后快又慢的规律，即随生长肥育猪体重的增长，平均日增重上升，到一定体重阶段呈现增重高峰，然后下降。当生长速度由转折点渐减，则肉猪的饲料利用效率下降。转折点即为育肥猪的适宜屠宰期。

2. 生长育肥猪体组织生长规律　生长育肥猪的骨骼、肌肉、脂肪的生长顺序和强度不平衡，生长育肥猪在20～30千克为骨骼生长高峰期，60～70千克为肌肉生长高峰期，90～110千克为脂肪蓄积旺盛期。在生长育肥猪60～70千克以前，代谢旺盛，是许多组织、器官成熟的关键时期，也是体形调控的关键阶段。这一阶段，应给予高营养水平的饲粮，要注意饲粮中矿物质和必需氨基酸的供应，以促进骨骼和肌肉的快速生长；到60～70千克以后则要适当限饲，控制能量供应，以提高胴体瘦肉率

备注

第10天

⏲ 时间记录	_____年____月____日
☼ 天气记录	室外温度________℃ 湿　　度________% 室内温度________℃ 湿　　度________%

日操作安排	时间	内容
	5：30	喂料前准备
	6：00	饲喂，观察采食情况
	9：00	清粪，打扫圈舍，冲洗粪沟，注意通风换气，排除舍内污浊空气，观察猪群排粪情况
	10：00	检查猪的健康状况，治疗病猪
	13：00	饲喂，观察采食情况
	16：00	清粪，打扫圈舍，冲洗粪沟，观察猪群排粪情况
	20：00	饲喂，观察采食情况
	20：30	巡视猪群

日程管理篇 温馨小贴士

第10天

生长猪饲养期

知识窗

◆ **环境温度与营养需要**

肥育猪生长的适宜温度为15～23℃。当猪体温高于环境温度时，猪体要向周围环境散失热量，猪会改变代谢强度来控制自身的产热量，并通过生理调节来调整产热和散热的比例关系，此时采食量显著下降，达到热量平衡从而保持恒定体温。气温过低，采食量增加，用于维持消耗能量增多，同样降低增重速度或导致减重。能量消耗与环境温度的关系用下式表达：

$$MEH=4.2\times(0.313\times BW+22.71)\times(T_1-T_0)$$

MEH：寒冷产热所消耗的代谢能（千焦/天）；

BW：猪体重（千克）；

T_1：环境温度（℃）；

T_0：临界温度（℃）

备注

第11天

① 时间记录	____年____月____日
☼ 天气记录	室外温度________℃ 湿　　度________% 室内温度________℃ 湿　　度________%

日操作安排		
	5：30	喂料前准备
	6：00	饲喂，观察采食情况
	9：00	清粪，打扫圈舍，冲洗粪沟，注意通风换气，排除舍内污浊空气，观察猪群排粪情况
	10：00	检查猪的健康状况，治疗病猪
	13：00	饲喂，观察采食情况
	16：00	清粪，打扫圈舍，冲洗粪沟，观察猪群排粪情况
	20：00	饲喂，观察采食情况
	20：30	巡视猪群

日程管理篇　温馨小贴士

第11天　生长猪饲养期

知识窗

◆ **适宜的能量、蛋白水平**

由于生长育肥猪对能量的利用是在满足维持需要以后，多余的才用来生长脂肪和肌肉等，所以饲料中能量水平的高低，可影响其增重速度，也就是说，饲料中的能量水平高时增重速度快，反之增重速度慢甚至不增重。不仅增重速度受饲料能量水平的影响，饲料利用率亦受饲料能量水平的影响。生长猪适宜的饲料消化能水平为每千克饲料 14 兆焦。

瘦肉率高的杂种猪，其饲料蛋白质水平相对要求高。虽然蛋白质水平与瘦肉率有一定关系，但是并不是越高越好。随着体重的增加，猪对蛋白质的需求量降低。体重在 8～20 千克时，饲料粗蛋白质含量为 19％；20～35 千克时，为 17.8％；35～60 千克时，为 16.4％；60～90 千克时，为 14.5％

备注

生长猪饲养期 第12天

⏲ 时间记录	____年____月____日
☼ 天气记录	室外温度________℃ 湿　　度________% 室内温度________℃ 湿　　度________%

日操作安排

5：30	喂料前准备
6：00	饲喂，观察采食情况
8：00	更换场门口、生产区入口及猪舍门口的消毒液
9：00	清粪，打扫圈舍，冲洗粪沟，注意通风换气，排除舍内污浊空气，观察猪群排粪情况
10：00	检查猪的健康状况，治疗病猪
13：00	饲喂，观察采食情况
14：00	用1：60～100的威力碘带猪消毒
16：00	清粪，打扫圈舍，冲洗粪沟，观察猪群排粪情况
20：00	饲喂，观察采食情况
20：30	巡视猪群

知识窗

◆ **适宜的饲料粗纤维水平**

粗纤维是一组物质的总称，主要由纤维素、半纤维素和木质素组成。三种物质的组成比例不同，粗纤维的营养价值就不同。猪可以利用一定量的纤维素与半纤维素，但不能利用木质素。

饲料中粗纤维含量过高既影响饲粮的适口性，也影响饲料中其他物质的消化率，但粗纤维也是健康猪生产必需的营养素之一，粗纤维有助于饲料在肠道中运行，也可防止猪腹泻。粗纤维过多，就会影响其他饲料的消化率，阻碍猪的增重。在育肥猪的饲料中粗纤维的含量应控制在10～30千克体重阶段不宜超过3.5％，30～60千克阶段不要超过4％，60～90千克阶段不要超过7％

备注

生长猪饲养期

第13天

◷ 时间记录	____年____月____日
☼ 天气记录	室外温度________℃ 湿　　度________% 室内温度________℃ 湿　　度________%

日操作安排		
	5：30	喂料前准备
	6：00	饲喂，观察采食情况
	9：00	清粪，打扫圈舍，冲洗粪沟，注意通风换气，排除舍内污浊空气，观察猪群排粪情况
	10：00	检查猪的健康状况，治疗病猪
	13：00	饲喂，观察采食情况
	16：00	清粪，打扫圈舍，冲洗粪沟，观察猪群排粪情况
	20：00	饲喂，观察采食情况
	20：30	巡视猪群

温馨小贴士

第13天

重点提示

◆ **保障水的供应**

水是猪体所有细胞的重要组成部分，它对调节体温、养分的运转、消化、吸收和废物的排泄等一系列新陈代谢过程都有重要的作用。因此，满足饮水，是保证猪的健康、生长的重要措施。

猪的饮水量确定：猪的饮水量随生理状态、环境温度、体重、饲料性质和采食量等而变化，一般在春、秋季节其正常饮水量应为采食风干饲料重的4倍或体重的16%，夏季约为5倍或体重的23%，冬季则为2～3倍或体重的10%左右。

猪舍一般安装自动饮水器较好，或在圈内单独设一水槽经常保持充足而清洁的饮水，让猪自由饮用

备注

第14天

🕓 时间记录	____年____月____日
☼ 天气记录	室外温度________℃ 湿　　度________% 室内温度________℃ 湿　　度________%

日操作安排	时间	内容
	5：30	喂料前准备
	6：00	饲喂，观察采食情况
	9：00	清粪，打扫圈舍，冲洗粪沟，注意通风换气，排除舍内污浊空气，观察猪群排粪情况
	10：00	检查猪的健康状况，治疗病猪
	13：00	饲喂，观察采食情况
	16：00	清粪，打扫圈舍，冲洗粪沟，观察猪群排粪情况
	20：00	饲喂，观察采食情况
	20：30	巡视猪群

知识窗

◆ 自配饲料的几点建议（一）

目前，有许多养殖场自己配制饲料饲喂，但是由于受技术水平与加工设备等因素的影响，自配的饲料在使用效果上存在许多的问题，不能达到猪的营养需要标准，严重影响了猪生产性能的发挥和养殖户的切身利益。

1. 提高饲料配方的科学性 饲料配方不是单纯依靠有关资料计算出来的，是在掌握大量科技资料与配方经验的基础上的实践结晶。这也就是生产中有的配方按照有关参数计算较好而实际使用效果差的主要原因。

2. 严把原料质量关 合理科学的配方要有优质的原料作保障，才能达到预期的使用效果。猪场自配饲料所需原料多数从市场直接购买或用自家部分余粮。由于购买的原料来源不定，质量不稳，饲料时好时差

备注

第15天

◷ 时间记录	____年____月____日
☼ 天气记录	室外温度________℃ 湿　　度________% 室内温度________℃ 湿　　度________%

日操作安排	时间	内容
	5：30	喂料前准备
	6：00	饲喂，观察采食情况
	8：00	领取一周的饲料
	9：00	清粪，打扫圈舍，冲洗粪沟，注意通风换气，排除舍内污浊空气，观察猪群排粪情况
	10：00	检查猪的健康状况，治疗病猪
	13：00	饲喂，观察采食情况
	16：00	清粪，打扫圈舍，冲洗粪沟，观察猪群排粪情况
	20：00	饲喂，观察采食情况
	20：30	巡视猪群

知识窗

◆ **自配饲料的几点建议（二）**

3. 搞好清杂与粉碎加工 要清除原料中的杂质，切实做好清污、去杂工作，特别是玉米；要掌握好原料的粉碎细度，以40～60目（孔径0.30～0.44毫米）为宜。

4. 要称量准确 微量元素添加剂最好按产品说明投放，称取时最好用天平。

5. 要搅拌均匀 配制饲料时，各种成分必须充分混合均匀。微量元素成分要先用少量原料预混，再加入大宗原料中拌料

备注

◆ **一周总结**

要对本周工作进行总结，主要包括药物、饲料的消耗情况，猪病的发生与流行情况，了解猪只的生长发育情况

第16天

时间记录	____年____月____日
天气记录	室外温度________℃ 湿　　度________% 室内温度________℃ 湿　　度________%

日操作安排		
	5：30	喂料前准备
	6：00	饲喂，观察采食情况
	8：00	更换场门口、生产区入口及猪舍门口的消毒液
	9：00	清粪，打扫圈舍，冲洗粪沟，注意通风换气，排除舍内污浊空气，观察猪群排粪情况
	10：00	检查猪的健康状况，治疗病猪
	13：00	饲喂，观察采食情况
	16：00	清粪，打扫圈舍，冲洗粪沟，观察猪群排粪情况
	20：00	饲喂，观察采食情况
	20：30	巡视猪群

重点提示

◆ **饲料原料质量评价**

为提高自配饲料的质量，一定要严把质量关：

1. 购买原料时，要做好感官检查 有虫蛀、结块、发霉变质、污染毒品的饲料，不能使用。添加剂类产品在选购时要认准品牌，看清说明。

2. 自家余粮和购买的原料要妥善保存 防雨淋、日晒等危害，维生素与微量元素添加剂还需要单独存放，以防相互作用而降低营养价值。

3. 条件允许时进行实验室检查 重点检查容重、水分、粒度、结构均匀性和营养成分含量及关键卫生指标。规模较大的养猪户要自己配备一些简单的分析仪器与显微镜，方便的地方可以到当地的高等院校或科研院所委托分析，以确保原料真实、配方科学

备注

第17天

⏲ 时间记录	____年____月____日
☼ 天气记录	室外温度________℃ 湿　　度________% 室内温度________℃ 湿　　度________%

日操作安排	时间	内容
	5：30	喂料前准备
	6：00	饲喂，观察采食情况
	9：00	清粪，打扫圈舍，冲洗粪沟，注意通风换气，排除舍内污浊空气，观察猪群排粪情况
	10：00	检查猪的健康状况，治疗病猪
	13：00	饲喂，观察采食情况
	16：00	清粪，打扫圈舍，冲洗粪沟，观察猪群排粪情况
	20：00	饲喂，观察采食情况
	20：30	巡视猪群

日程管理篇　温馨小贴士

第17天　生长猪饲养期

重点提示

◆ **增强消毒意识　防范疾病发生**

1. 入场消毒　大门口设消毒室，室内设紫外线灯，下铺麻袋，麻袋用2%火碱液洒湿。进入时换上场内备用的胶鞋与工作服，在消毒室内消毒15分钟。

2. 医疗器械　针头冲洗后在水中煮沸40分钟以上。

3. 场区与猪舍消毒　场区每半月消毒一次，消毒前搞好卫生，清除杂草、垃圾和杂物，轮流选用2%～3%的火碱、0.05%的过氧乙酸、百毒杀等喷雾消毒，火碱不能用于带猪消毒。各栋舍内走道每5～7天用3%苛性钠溶液喷洒消毒一次。菌毒敌（毒菌净、农乐）为复合酚，含酚41%～49%、醋酸22%～26%，为深红褐色有特臭的稠液，用于圈舍、排泄物的消毒，喷洒浓度是0.35%～1%

备注

第18天

⏲ 时间记录	_____年____月____日
☼ 天气记录	室外温度________℃ 湿　　度________% 室内温度________℃ 湿　　度________%

日操作安排	时间	内容
	5：30	喂料前准备
	6：00	饲喂，观察采食情况
	9：00	清粪，打扫圈舍，冲洗粪沟，注意通风换气，排除舍内污浊空气，观察猪群排粪情况
	10：00	检查猪的健康状况，治疗病猪
	13：00	饲喂，观察采食情况
	16：00	清粪，打扫圈舍，冲洗粪沟，观察猪群排粪情况
	20：00	饲喂，观察采食情况
	20：30	巡视猪群

日程管理篇　温馨小贴士

第18天　生长猪饲养期

知识窗

◆ 科学使用石灰消毒

石灰价格低廉，易购买，且无不良气味，具有消毒力强的特点，是无污染的消毒药。使用石灰消毒要注意：

1. 用石灰作消毒药物应该现买现用　生石灰加入水后即生成疏松的熟石灰氢氧化钙，只有这种离解出的氢氧根离子才具有杀菌作用。长时间存放的熟石灰，就会与空气中的二氧化碳起化学反应，生成没有氢氧根离子的碳酸钙，致使其完全丧失了杀菌消毒的作用。

2. 切忌带猪消毒　在猪厩舍的地面上撒上一层熟石灰粉，易将猪的蹄爪及皮肤（躺卧时）灼伤，或因猪吃食落在地上的食物（沾上熟石灰粉）灼伤口腔及消化道。石灰粉还会造成粉尘大量飞扬，致使猪吸入呼吸道内引起咳嗽、打喷嚏等症状，人为造成呼吸道炎症

备注

第19天

⏲ 时间记录	____年____月____日
☼ 天气记录	室外温度______℃ 湿　　度______% 室内温度______℃ 湿　　度______%

日操作安排	时间	内容
	5：30	喂料前准备
	6：00	饲喂，观察采食情况
	8：00	更换场门口、生产区入口及猪舍门口的消毒液
	9：00	清粪，打扫圈舍，冲洗粪沟，注意通风换气，排除舍内污浊空气，观察猪群排粪情况
	10：00	检查猪的健康状况，治疗病猪
	13：00	饲喂，观察采食情况
	14：00	用1∶60～100的威力碘带猪消毒
	16：00	清粪，打扫圈舍，冲洗粪沟，观察猪群排粪情况
	20：00	饲喂，观察采食情况
	20：30	巡视猪群

知识窗

◆ **福利养猪**

动物福利可以简单理解为：给猪提供舒适、安全的生活环境，保证其生产潜力的发挥，保障猪的生产安全。猪的福利问题已经成为猪肉国际贸易中新的技术壁垒。猪的福利饲养，就是给猪提供舒适、更符合其自然天性的生长环境。

生长育肥猪的一般福利要求有可供玩耍的铁制、石制物品；有运动场，通风良好，享受阳光；总的地板面积要满足休息、饲喂和活动的需要，休息的地板面积要满足所有的猪同时躺下来的要求。根据这一要求，每头占地不少于0.65～1米^2；每圈养猪8～12头；温度15～20℃，相对湿度55%～65%；提供深层红土，满足拱土习惯；可全程使用液态饲料。

福利养猪不仅可以满足猪的生活习性，而且也是降低猪饲养应激、提高猪群健康水平、减少疾病发生的重要途径之一

备注

第20天

时间记录	____年____月____日
天气记录	室外温度________℃ 湿　　度________% 室内温度________℃ 湿　　度________%

日操作安排		
	5：30	喂料前准备
	6：00	饲喂，观察采食情况
	9：00	清粪，打扫圈舍，冲洗粪沟，注意通风换气，排除舍内污浊空气，观察猪群排粪情况
	10：00	检查猪的健康状况，治疗病猪
	13：00	饲喂，观察采食情况
	16：00	清粪，打扫圈舍，冲洗粪沟，观察猪群排粪情况
	20：00	饲喂，观察采食情况
	20：30	巡视猪群

难点提示

◆ **猪群保健技术要点**

一，坚持“以养为主，防养并举，防重于治”的方针，搞好综合防控。

二，重视猪场隔离防疫，避免交叉感染。猪场要实行全进全出饲养管理工艺，切断疫病传播。病猪及时隔离，死猪应焚烧或深埋。

三，重视猪场消毒制度，猪场路面、猪舍、设备、用具要定期消毒，人员进入生产区必须淋浴、更衣、换鞋、消毒。

四，重视猪场环境控制，保证“三度”，即正常的温度、湿度和饲养密度；保持“两干”，即猪舍的干净与干燥；坚持“一通”，即舍内通风。

五，重视免疫预防，提高猪群特异性免疫力。

六，针对疫病合理使用药物

备注

第21天

⏲ 时间记录	____年____月____日
☼ 天气记录	室外温度________℃ 湿　　度________% 室内温度________℃ 湿　　度________%

日操作安排	时间	内容
	5：30	喂料前准备
	6：00	饲喂，观察采食情况
	9：00	清粪，打扫圈舍，冲洗粪沟，注意通风换气，排除舍内污浊空气，观察猪群排粪情况
	10：00	检查猪的健康状况，治疗病猪
	13：00	饲喂，观察采食情况
	16：00	清粪，打扫圈舍，冲洗粪沟，观察猪群排粪情况
	20：00	饲喂，观察采食情况
	20：30	巡视猪群

知识窗

◆ **湿帘—风机降温系统**

湿帘—风机降温系统是一种生产性降温设备，主要是靠蒸发降温，辅以通风降温的作用，由湿帘（或湿垫）、风机、循环水路及控制装置组成。

湿帘降温系统在干热地区的降温效果十分明显。在较湿热地区，除了某些湿度较高的日子，这也是一种可行的降温设备。

湿帘降温系统中，湿帘的好坏对降温效果影响很大。用树脂处理做成波纹蜂窝结构的湿强纸湿垫降温效果好，通风阻力小、结构稳定、安装方便、可连续使用多年，降温效率可达80％左右

备注

第22天

时间记录	____年____月____日
天气记录	室外温度________℃ 湿　　度________% 室内温度________℃ 湿　　度________%

日操作安排		
	5：30	喂料前准备
	6：00	饲喂，观察采食情况
	8：00	领取一周的饲料
	9：00	清粪，打扫圈舍，冲洗粪沟，注意通风换气，排除舍内污浊空气，观察猪群排粪情况
	10：00	检查猪的健康状况，治疗病猪
	13：00	饲喂，观察采食情况
	16：00	清粪，打扫圈舍，冲洗粪沟，观察猪群排粪情况
	20：00	饲喂，观察采食情况
	20：30	巡视猪群

重点提示

◆ 日照与猪的生长

适度的太阳光照能加强机体组织的代谢过程，促进猪的生长发育，提高抗病能力。太阳光是天然的保健剂和杀菌剂，在冬季充分利用阳光尤为重要。然而过强的光照会增加甲状腺的分泌，引起猪兴奋，减少休息时间，提高代谢率，影响增重和饲料利用率。育肥猪舍内的光照可暗淡些，只要便于猪采食和饲养管理工作即可，使猪得到充分休息。

冬季晚上饲喂时必须保证30分钟多的采食光照时间，否则影响采食。由于冬天昼短夜长，晚上饲喂时需要开灯，切忌加料后即关灯离舍，不能真正达到饲喂的效果，影响猪的生长

备注

◆ 一周总结

本周重点：猪群调整和采用半限位饲养

生长猪饲养期

第23天

⏲ 时间记录	____年____月____日
☼ 天气记录	室外温度________℃ 湿　　度________% 室内温度________℃ 湿　　度________%

日操作安排

5：30	喂料前准备
6：00	饲喂，观察采食情况
8：00	更换场门口、生产区入口及猪舍门口的消毒液
9：00	清粪，打扫圈舍，冲洗粪沟，注意通风换气，排除舍内污浊空气，观察猪群排粪情况
10：00	检查猪的健康状况，治疗病猪
13：00	饲喂，观察采食情况
16：00	清粪，打扫圈舍，冲洗粪沟，观察猪群排粪情况
20：00	饲喂，观察采食情况
20：30	巡视猪群

日程管理篇 温馨小贴士

第23天

生长猪饲养期

知识窗

◆ **猪舍空气保洁**

保证猪舍内空气的卫生与流通是保障猪群健康、减少呼吸系统疾病发生的主要途径。猪舍内不良气体主要来源于粪尿、污水、抛撒发酵的饲料等。及时清理粪尿、实施自动供水与自动落料槽，尽量减少污染猪舍空气的来源。此外，使用EM、沸石粉等是近年来人们通过营养手段解决猪舍空气污染的一条有效途径。

EM（effective microorganisms）是日本琉球大学比嘉照夫教授于20世纪80年代初研制的，由光合细菌、乳酸菌、酵母菌和放线菌等80多种微生物复合培养而成的有效微生物群，具有提高饲料利用率和增重、改善环境和产品品质、防治肠道疾病等作用。沈迪翠等（1997）报道，育肥猪使用EM后可提高日增重23.31%，每千克增重的耗料量减少11.26%

备注

第24天

⏱ 时间记录	____年____月____日
☼ 天气记录	室外温度________℃ 湿　　度________% 室内温度________℃ 湿　　度________%

日操作安排		
	5：30	喂料前准备
	6：00	饲喂，观察采食情况
	9：00	清粪，打扫圈舍，冲洗粪沟，注意通风换气，排除舍内污浊空气，观察猪群排粪情况
	10：00	检查猪的健康状况，治疗病猪
	13：00	饲喂，观察采食情况
	16：00	清粪，打扫圈舍，冲洗粪沟，观察猪群排粪情况
	20：00	饲喂，观察采食情况
	20：30	巡视猪群

知识窗

◆ **应激预防**

①采用合理的生产工艺，改善饲养管理。给猪只创造一个安静、舒适、卫生、和谐的生存环境和改善饲养管理是预防应激的有效措施。

②药物预防。预防应激效果较好、被广泛采用的药物主要有镇静剂（如氯丙嗪、利血平、安定等）、某些激素（如肾上腺皮质激素）、维生素类（B族维生素、维生素C、复合维生素）、微量元素（硒）、有机酸类（琥珀酸、苹果酸等）、中草药制剂（柴胡、天麻、五味子、板蓝根、麦芽）、缓解中毒的药物（小苏打）等。在猪只转群、运输等之前服用上述药物，可以起到较好的抗应激作用。

③选育抗应激品系。通过育种工作选育抗应激品系，淘汰应激敏感猪，是提高猪群抗应激能力的有效措施

备注

生长猪饲养期

第25天

⏲ 时间记录	____年____月____日
☼ 天气记录	室外温度________℃ 湿　　度________% 室内温度________℃ 湿　　度________%

日操作安排		
	5：30	喂料前准备
	6：00	饲喂，观察采食情况
	9：00	清粪，打扫圈舍，冲洗粪沟，注意通风换气，排除舍内污浊空气，观察猪群排粪情况
	10：00	检查猪的健康状况，治疗病猪
	13：00	饲喂，观察采食情况
	16：00	清粪，打扫圈舍，冲洗粪沟，观察猪群排粪情况
	20：00	饲喂，观察采食情况
	20：30	巡视猪群

日程管理篇 温馨小贴士

知识窗

◆ **影响猪肤色和被毛的因素**

"皮红毛亮"是猪健康的标志。影响猪肤色与被毛的因素较多，除了遗传、品种等因素外，猪的肤色、被毛与饲料营养和饲养环境有较大关联。

从饲料营养角度看，猪只有在营养全面均衡的情况下才能表现出较为理想的肤色和被毛。

一些与造血功能直接相关的维生素（如维生素K、维生素B_2、维生素B_6、维生素B_{12}、叶酸等）缺乏，猪只常会出现肤色苍白、被毛粗乱。

铁、铜、锌、钴等微量元素有维持正常造血功能和组织结构的作用。微量元素缺乏的猪一般会出现血红蛋白浓度下降、贫血、代谢紊乱、被毛粗乱或毛发脱落和褪色等症状

备注

第26天

◷ 时间记录	______年____月____日
☼ 天气记录	室外温度________℃ 湿　　度________% 室内温度________℃ 湿　　度________%

日操作安排		
	5：30	喂料前准备
	6：00	饲喂，观察采食情况
	8：00	更换场门口、生产区入口及猪舍门口的消毒液
	9：00	清粪，打扫圈舍，冲洗粪沟，注意通风换气，排除舍内污浊空气，观察猪群排粪情况
	10：00	检查猪的健康状况，治疗病猪
	13：00	饲喂，观察采食情况
	14：00	0.1%次氯酸钠带猪消毒
	16：00	清粪，打扫圈舍，冲洗粪沟，观察猪群排粪情况
	20：00	饲喂，观察采食情况
	20：30	巡视猪群

温馨小贴士

第26天

知识窗

◆ **使用生态环保饲料**

生态环保饲料是指具有围绕解决养猪公害和减轻粪便对环境污染功能的饲料总称。它要求从饲料原料的选购、配方设计、加工饲喂等过程进行严格质量控制和实施动物营养系统调控，以达到控制可能发生的畜产品公害和环境污染的效果。

生态环保饲料的使用特点：除臭剂可减少动物粪便臭气的产生，控制臭味对环境的污染；平衡氨基酸配方可改善和控制氮（N）的环境污染；植酸酶可改善和控制磷（P）的环境污染；酶制剂、益生素等促消化添加剂可改善和提高饲料消化率，减少养分损失

备注

生长猪饲养期

第27天

◷ 时间记录	______年____月____日
☼ 天气记录	室外温度________℃ 湿　　度________% 室内温度________℃ 湿　　度________%

日操作安排	时间	内容
	5：30	喂料前准备
	6：00	饲喂，观察采食情况
	9：00	清粪，打扫圈舍，冲洗粪沟，注意通风换气，排除舍内污浊空气，观察猪群排粪情况
	10：00	检查猪的健康状况，治疗病猪
	13：00	饲喂，观察采食情况
	16：00	清粪，打扫圈舍，冲洗粪沟，观察猪群排粪情况
	20：00	饲喂，观察采食情况
	20：30	巡视猪群

日程管理篇 温馨小贴士

第27天

知识窗

◆ **玉米酒糟合理使用**

玉米酒糟是酿酒业的副产品，玉米酒糟不仅蛋白质含量较高，而且还含有发酵过程中融入的酵母营养成分及活性分子，是一种营养比较丰富的饲料原料。很多农民采用鲜喂或晒干后直接饲喂，由于残余酒精和粗纤维含量高而不利于猪的生长和增重。烘干后饲喂可明显降低生产成本和提高养殖效益。

鲜酒糟一般含水60%～70%，若在80～100℃的高温下烘干并粉碎，可有效降低残余酒精的含量，提高酒糟的适口性和猪肉品质。酒糟粉粗蛋白质的含量可达13%～15%，与麸皮粗蛋白质的含量相当。酒糟粉可完全替代育肥猪日粮中40%麸皮而不影响猪的增长

备注

第28天

◷ 时间记录	______年____月____日
☼ 天气记录	室外温度________℃ 湿　　度________% 室内温度________℃ 湿　　度________%

日操作安排		
	5：30	喂料前准备
	6：00	饲喂，观察采食情况
	9：00	清粪，打扫圈舍，冲洗粪沟，注意通风换气，排除舍内污浊空气，观察猪群排粪情况
	10：00	检查猪的健康状况，治疗病猪
	13：00	饲喂，观察采食情况
	16：00	清粪，打扫圈舍，冲洗粪沟，观察猪群排粪情况
	20：00	饲喂，观察采食情况
	20：30	巡视猪群

日程管理篇 温馨小贴士

第28天 生长猪饲养期

知识窗

◆ **寡糖添加剂**

寡糖又称低聚糖，指2～10个单糖通过非α-1，4-糖苷键连接起来形成的直链或支链的一类糖。它不仅具有低热、稳定、安全无毒等良好的理化性质，还具有调整肠道和提高免疫力等保健作用。国外已将寡糖作为饲料添加剂应用于饲料工业，当这些寡糖饲料添加剂加入饲料中后，可选择性地刺激动物后肠中有益菌生长而防止病原菌滋生，提高机体免疫力，促进猪健康生长。

目前用作饲料添加剂的寡糖主要有果寡糖(FOS)、α-寡葡萄糖（α-异麦芽寡糖，α-GOS)、乳寡糖（GAS)、甘露寡糖（MOS)、木寡糖（XOS)、β-寡葡萄糖（β-GOS)、大豆寡糖和壳寡糖等。

大豆寡糖作为双歧杆菌的增殖因子和低热值的功能性食品基料已经被人们所接受，可促进双歧杆菌的增殖，减少有毒发酵物质及有害细菌的繁殖

备注

生长猪饲养期

第29天

⏲ 时间记录	____年____月____日
☼ 天气记录	室外温度________℃ 湿　　度________% 室内温度________℃ 湿　　度________%

日操作安排

5：30	喂料前准备
6：00	饲喂，观察采食情况
8：00	领取一周的饲料
9：00	清粪，打扫圈舍，冲洗粪沟，注意通风换气，排除舍内污浊空气，观察猪群排粪情况
10：00	检查猪的健康状况，治疗病猪
13：00	饲喂，观察采食情况
16：00	清粪，打扫圈舍，冲洗粪沟，观察猪群排粪情况
20：00	饲喂，观察采食情况
20：30	巡视猪群

难点提示

◆ **巧用豆腐渣**

豆腐渣营养丰富，含粗蛋白质20%，碳水化合物30%，是饲喂的好饲料，但饲喂方法不当，也易引起不良反应。故在应用中要注意以下几个问题：

1. 不可直接生喂 如在饲喂前将豆腐渣加热煮沸15分钟，可破坏抗胰蛋白酶，从而使饲料中的蛋白质得到充分利用。

2. 不可过量饲喂 适宜的喂量为：日粮中鲜豆腐渣控制在25%～30%，干豆腐渣在10%以下，否则易引起猪的消化不良。

3. 不可单一饲喂 豆腐渣中粗蛋白质含量低且品质差，必须和其他饲料配合，方可满足猪的营养需要。

4. 不可用冰冻渣饲喂。

5. 不可喂酸败变质的豆腐渣

备注

生长猪饲养期

第30天

⏲ 时间记录	____年____月____日
☼ 天气记录	室外温度______℃ 湿　　度______% 室内温度______℃ 湿　　度______%

日操作安排	时间	内容
	5：30	喂料前准备
	6：00	饲喂，观察采食情况
	8：00	更换场门口、生产区入口及猪舍门口的消毒液
	9：00	清粪，打扫圈舍，冲洗粪沟，注意通风换气，排除舍内污浊空气，观察猪群排粪情况
	10：00	检查猪的健康状况，治疗病猪
	13：00	饲喂，观察采食情况
	16：00	清粪，打扫圈舍，冲洗粪沟，观察猪群排粪情况
	20：00	饲喂，观察采食情况
	20：30	巡视猪群

知识窗

◆ **青饲料饲喂**

青饲料营养全面、适口性好、易消化、来源广、成本低，是养猪的重要饲料之一。饲喂得当不仅可以满足猪的生长发育需要，而且能减少粮食消耗，降低成本。

青饲料含无机盐比较丰富，钙、磷、钾的比例适当。日粮中有足够的青饲料，猪很少发生因缺乏无机盐而引起疾病。青饲料是常用的维生素补充饲料，它们含有丰富的胡萝卜素、维生素 C、B 族维生素等。青饲料无污染的情况下最好不要洗，防止水溶性维生素损失。青饲料不能煮喂，因高温会使大部分维生素、蛋白质遭到破坏，加热后还会加速亚硝酸盐的形成，猪吃后易中毒。各种青饲料可打浆饲喂。打浆的饲料猪喜欢吃，有利于消化吸收

备注

生长猪饲养期

第31天

时间记录	____年____月____日
天气记录	室外温度______℃ 湿　　度______% 室内温度______℃ 湿　　度______%

日操作安排

5：30	喂料前准备
6：00	饲喂，观察采食情况
9：00	清粪，打扫圈舍，冲洗粪沟，注意通风换气，排除舍内污浊空气，观察猪群排粪情况
10：00	检查猪的健康状况，治疗病猪
13：00	饲喂，观察采食情况
16：00	清粪，打扫圈舍，冲洗粪沟，观察猪群排粪情况
20：00	饲喂，观察采食情况
20：30	巡视猪群

知识窗

◆ 青饲料使用注意事项

1. 适时收割 一般的青饲料在幼嫩时，其蛋白质、维生素、矿物质等营养物质含量高、粗纤维少、质地柔软、适口性好、容易消化。所以，用青饲料饲喂要趁幼嫩时适时采收、加工和饲喂。

2. 要摊放不要堆放 采收的青饲料不宜堆放，一时用不完的，要摊开放在阴凉处。

3. 青饲料要鲜喂，不要煮熟喂，最好是切碎、打浆、发酵后饲喂，或掺入混合饲料内直接饲喂。但对适口性差或粗纤维多的青饲料要进行发酵处理。经3～4天发酵即可饲喂。

4. 要混喂不要单喂 青饲料因营养不全不宜单独饲喂，而要根据猪的品种、大小、膘情等适当搭配一些精、粗饲料或混合饲料，以满足猪对多种营养的需要。

5. 单独使用时要青饲料先喂、精饲料后喂

备注

第32天

⏲ 时间记录	______年____月____日
☼ 天气记录	室外温度________℃ 湿　　度________% 室内温度________℃ 湿　　度________%

日操作安排	时间	内容
	5：30	喂料前准备
	6：00	饲喂，观察采食情况
	9：00	清粪，打扫圈舍，冲洗粪沟，注意通风换气，排除舍内污浊空气，观察猪群排粪情况
	10：00	检查猪的健康状况，治疗病猪
	13：00	饲喂，观察采食情况
	16：00	清粪，打扫圈舍，冲洗粪沟，观察猪群排粪情况
	20：00	饲喂，观察采食情况
	20：30	巡视猪群

日程管理篇 温馨小贴士

第32天

生长猪饲养期

难点提示

◆ **种草养猪**

种草养猪并不等于改变猪的食粮习性，而是利用我国丰富的饲料资源，通过青绿饲料补充维生素与平衡饲料蛋白，推动生态养猪、有机养猪业的发展，满足人们日益增长的消费需要。适宜于养猪的饲草有紫花苜蓿、杂交狼尾草、俄罗斯菜、菊苣、红豆草等。

紫花苜蓿适口性好、产草量高、品质好，初花期干草中粗蛋白质含量为21%～28%，一般每年可刈割3～4次，鲜草产量40～75吨/公顷。杂交狼尾草茎叶细嫩，营养丰富，干草中粗蛋白含量高达14%，富含多种维生素和微量元素，每年可刈割4～7次，鲜草产量75～150吨/公顷。收割后的牧草用低浓度高锰酸钾水清洗消毒，然后切碎或打浆后喂猪

备注

第33天

⏲ 时间记录	____年____月____日
☼ 天气记录	室外温度________℃ 湿　　度________% 室内温度________℃ 湿　　度________%

日操作安排		
	5：30	喂料前准备
	6：00	饲喂，观察采食情况
	8：00	更换场门口、生产区入口及猪舍门口的消毒液
	9：00	清粪，打扫圈舍，冲洗粪沟，注意通风换气，排除舍内污浊空气，观察猪群排粪情况
	10：00	检查猪的健康状况，治疗病猪
	13：00	饲喂，观察采食情况
	14：00	0.1%次氯酸钠带猪消毒
	16：00	清粪，打扫圈舍，冲洗粪沟，观察猪群排粪情况
	20：00	饲喂，观察采食情况
	20：30	巡视猪群

日程管理篇

温馨小贴士

第33天

生长猪饲养期

知识窗

◆ **预防猪肺疫**

猪肺疫是由多种杀伤性巴氏杆菌所引起的一种急性传染病，呈急性或慢性经过。急性呈败血症变化，咽喉部肿胀，高度呼吸困难，无明显季节性，但以冷热交替、气候剧变、潮湿、多雨发生较多，营养不良、长途运输、饲养条件改变等因素促进本病发生，一般为散发。

猪肺疫预防：应首先增强机体的抗病力。加强饲养管理，圈舍、环境定期消毒。进行预防接种是预防本病的重要措施，每年定期进行有计划免疫注射，春、秋两季定期进行预防注射。我国目前使用两种菌苗，一为猪肺疫氢氧化铝甲醛菌苗，断奶后的大小猪只一律皮下注射 5 毫升，注射后 14 天产生免疫力，免疫期为 6 个月。口服猪肺疫弱毒冻干菌苗，按瓶签说明的头份，用冷水稀释后，混入饲料或水中饲喂，一律口服 1 头份，免疫期 6 个月。发生本病时，应将病猪隔离治疗，消毒猪舍，同栏的猪用血清或用疫苗紧急预防

备注

第34天

⏲ 时间记录	____年____月____日
☼ 天气记录	室外温度________℃ 湿　　度________% 室内温度________℃ 湿　　度________%

日操作安排		
	5：30	喂料前准备
	6：00	饲喂，观察采食情况
	9：00	清粪，打扫圈舍，冲洗粪沟，注意通风换气，排除舍内污浊空气，观察猪群排粪情况
	10：00	检查猪的健康状况，治疗病猪
	13：00	饲喂，观察采食情况
	16：00	清粪，打扫圈舍，冲洗粪沟，观察猪群排粪情况
	20：00	饲喂，观察采食情况
	20：30	巡视猪群

知识窗

◆ 猪肺疫鉴别诊断

猪肺疫又叫猪巴氏杆菌病，是由特定血清型的多杀性猪巴氏杆菌引起的急性或散发性和继发性传染病。急性病例呈出血性败血病、咽喉炎和肺炎的症状，呈散发性发生，常是其他病的继发病。

急性病例一般病程较短，可突然死亡，典型的表现是急性咽喉炎，颈部高度红肿，热而坚硬，呼吸困难及肺炎症状。通过局部病料作细菌学检查，观察病原体，与其他呼吸道传染病区分。

慢性型猪肺疫应与下列病相区别：①支原体肺炎。本病咳嗽与慢性猪肺疫有一定差别，多见于清晨和晚间。本病的病理变化是“肉样变”，淡红或粉红色，这一点与猪肺疫有明显的区别。②传染性胸膜肺炎。本病从流行病学、症状、病理变化不易与慢性猪肺疫区别，必须通过细菌学检查，发现副溶血性嗜血杆菌方可确诊

备注

第35天

时间记录	_____年____月____日
天气记录	室外温度______℃ 湿　　度______% 室内温度______℃ 湿　　度______%

日操作安排	时间	内容
	5：30	喂料前准备
	6：00	饲喂，观察采食情况
	9：00	清粪，打扫圈舍，冲洗粪沟，注意通风换气，排除舍内污浊空气，观察猪群排粪情况
	10：00	检查猪的健康状况，治疗病猪
	13：00	饲喂，观察采食情况
	16：00	清粪，打扫圈舍，冲洗粪沟，观察猪群排粪情况
	20：00	饲喂，观察采食情况
	20：30	巡视猪群

知识窗

◆ **猪肺疫治疗**

发现猪患肺疫时，要及时进行治疗，用抗生素治疗有较好的疗效，选择对多杀性巴氏杆菌最敏感的药物进行治疗。首选药物有氨苄青霉素、庆大霉素和青霉素，以下治疗方案可供参考：

1. 氨苄青霉素每千克体重4～10毫克，肌内注射，1天2次，连用3～5天。

2. 青霉素每千克体重2万～3万单位肌内注射，同时用10%磺胺嘧啶10～20毫克加注射用水5～10毫升肌内注射，12小时一次，连用3天。

3. 庆大霉素每千克体重2～3毫克，肌内注射，1天2次，连用3～5天。

此外，用猪肺疫氢氧化铝菌苗注射是非常重要的，不论大小猪一律5毫升，免疫期为6个月

备注

第36天

时间记录	____年____月____日
天气记录	室外温度________℃ 湿　　度________% 室内温度________℃ 湿　　度________%

日操作安排		
	5：30	喂料前准备
	6：00	饲喂，观察采食情况
	8：00	领取一周的饲料
	9：00	清粪，打扫圈舍，冲洗粪沟，注意通风换气，排除舍内污浊空气，观察猪群排粪情况
	10：00	检查猪的健康状况，治疗病猪
	13：00	饲喂，观察采食情况
	16：00	清粪，打扫圈舍，冲洗粪沟，观察猪群排粪情况
	20：00	饲喂，观察采食情况
	20：30	巡视猪群

知识窗

◆ **预防气喘病**

猪气喘病是由猪肺炎支原体引起的一种猪传染病，是猪的一种慢性呼吸道传染病。本病死亡率不高，患猪长期生长发育不良，饲料转化率低。在流行的初期以及饲养管理条件不良情况下，继发其他疾病后也会造成严重死亡，给养猪业带来严重危害。

症状：该病主要症状为咳嗽和气喘。病变的特征是融合性支气管肺炎，肺尖叶、心叶、中间叶和膈叶前缘呈肉样或虾肉样病变。

预防：一般常用的化学消毒药和消毒方法对猪肺炎支原体均能达到消毒目的。寒冷季节到来之前，在生长猪每吨饲料中加入1～2千克泰乐菌素预混剂或1千克利高霉素预混剂可以起到预防作用；支原净和磺胺嘧啶按每千克体重分别加20毫克拌料连喂10天，也有较好的预防效果。每千克体重加30～40毫克土霉素拌料，连续饲喂5～7天为一个疗程，停药7天后进入第二疗程，两个疗程后依情况确定是否进入第三疗程

备注

第37天

时间记录	____年____月____日
天气记录	室外温度____℃ 湿　　度____% 室内温度____℃ 湿　　度____%

日操作安排		
	5：30	喂料前准备
	6：00	饲喂，观察采食情况
	8：00	更换场门口、生产区入口及猪舍门口的消毒液
	9：00	清粪，打扫圈舍，冲洗粪沟，注意通风换气，排除舍内污浊空气，观察猪群排粪情况
	10：00	检查猪的健康状况，治疗病猪
	13：00	饲喂，观察采食情况
	16：00	清粪，打扫圈舍，冲洗粪沟，观察猪群排粪情况
	20：00	饲喂，观察采食情况
	20：30	巡视猪群

知识窗

◆ **猪链球菌病**

猪链球菌是国家规定的二类动物疫病，是一种人畜共患、急性、热性传染病。不仅可致猪败血性肺炎、脑膜炎、关节炎及心内膜炎，而且可感染特定人群发病，并可致死亡，危害严重。

链球菌分布广泛，常存在于健康的哺乳动物和人体内。在动物机体抵抗力降低和外部环境变化诱导下，会引起动物和人发病。用抗生素治疗有效果。

猪链球菌病可以通过伤口、消化道等途径传染给人，这种病原体长期存在猪群身上，外界环境发生变化使病原体发生变异，从而突破种群障碍，开始从猪传播给人。

猪链球菌病的病原是一种细菌，目前已有相应的有效预防和治疗的方法与措施，既有药物又有疫苗，通过预防性治疗和采取免疫、消毒等综合措施，该病完全可防、可治和可控

备注

第38天

⏲ 时间记录	____年____月____日
☼ 天气记录	室外温度______℃ 湿　　度______% 室内温度______℃ 湿　　度______%

日操作安排		
	5：30	喂料前准备
	6：00	饲喂，观察采食情况
	9：00	清粪，打扫圈舍，冲洗粪沟，注意通风换气，排除舍内污浊空气，观察猪群排粪情况
	10：00	检查猪的健康状况，治疗病猪
	13：00	饲喂，观察采食情况
	16：00	清粪，打扫圈舍，冲洗粪沟，观察猪群排粪情况
	20：00	饲喂，观察采食情况
	20：30	巡视猪群

知识窗

◆ 猪链球菌病防治

猪链球菌可通过使用抗菌药物进行有效治疗。流行季节的全群预防可用阿莫西林、磺胺五甲氧嘧啶、林可霉素预混剂等药物，使用剂量根据产品说明书确定。针对个体病症可用药物进行注射治疗，治疗时应遵循以下原则：

①一旦发病，要使用敏感药物如阿莫西林、氨苄西林、青霉素等，用药剂量加大一倍。

②每天投药或注射次数增加至2～3次。

③治疗时间延长至4～6天

备注

第39天

时间记录	____年____月____日
天气记录	室外温度____℃ 湿　　度____% 室内温度____℃ 湿　　度____%

日操作安排

5：30	喂料前准备
6：00	饲喂，观察采食情况
9：00	清粪，打扫圈舍，冲洗粪沟，注意通风换气，排除舍内污浊空气，观察猪群排粪情况
10：00	检查猪的健康状况，治疗病猪
13：00	饲喂，观察采食情况
16：00	清粪，打扫圈舍，冲洗粪沟，观察猪群排粪情况
20：00	饲喂，观察采食情况
20：30	巡视猪群

日程管理篇

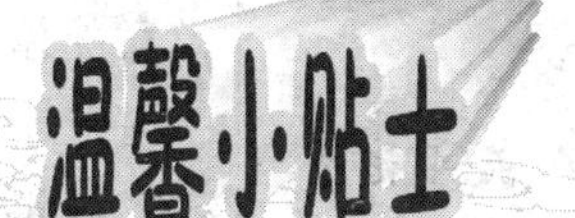

知识窗

◆ **防治猪虱**

猪虱是寄生于猪体表被毛内的一种体外寄生虫，在猪的腋下、大腿内侧、耳朵后最为多见。受寄生的猪表现为躁动不安、瘙痒、食欲减退、营养不良，不能很好睡眠，导致机体消瘦，尤其仔猪的症状更明显。

1. 百部250克，苍术、菜油各200克，雄黄100克。先将百部加水2千克煮沸后去渣，然后加入细末苍术、雄黄和菜油充分搅匀后涂擦患部，每天1～2次，连用2～3天可全部除尽猪虱。

2. 烟叶30克，加水1千克，煎汁涂擦患部，每天1次。

3. 食盐1克、温水2毫升、煤油10毫升混合液涂擦猪体，虱子立即死亡。

4. 用阿维菌素按每千克体重300微克的量给猪进行颈部皮下注射，间隔5～6天再用药一次，可彻底治疗

备注

第40天

时间记录	______年_____月_____日
天气记录	室外温度________℃ 湿　　度________% 室内温度________℃ 湿　　度________%

日操作安排

5：30	喂料前准备
6：00	饲喂，观察采食情况
8：00	更换场门口、生产区入口及猪舍门口的消毒液
9：00	清粪，打扫圈舍，冲洗粪沟，注意通风换气，排除舍内污浊空气，观察猪群排粪情况
10：00	检查猪的健康状况，治疗病猪
13：00	饲喂，观察采食情况
14：00	0.1%次氯酸钠带猪消毒
16：00	清粪，打扫圈舍，冲洗粪沟，观察猪群排粪情况
20：00	饲喂，观察采食情况
20：30	巡视猪群

知识窗

◆ **增生性肠炎**

猪增生性肠炎是生长猪的一种常见病，由细菌引起。本病的潜伏期为2～3周，有急性型与慢性型之分。患猪中，急性型占的比例小，慢性型占的比例大。无论是急性型还是慢性型，如无继发感染，体温一般都比较正常。

急性型：较为少见。主要表现为血色水样下痢；病程稍长时，排沥青样黑色粪便或血样粪便并突然死亡；后期转为黄色稀粪；也有突然死亡仅见皮肤苍白而无粪便异常的病例（本病很可能引起猪的肠道毒素的迅速感染而导致猪的急性死亡）。

慢性型：较为常见，多发于生长猪，10%～15%的猪只出现临床症状。主要表现为：食欲不振或废绝，精神沉郁或昏睡；间隙性下痢，粪便变软、变稀而呈糊样或水样，颜色较深，有时混有血液或坏死组织碎片；病猪消瘦、背毛粗乱、弓背弯腰，有的站立不稳，生长发育不良；病程长者可出现皮肤苍白；如果没有继发感染，有些病例在4～6周可康复

备注

生长猪饲养期

第41天

时间记录	____年____月____日
天气记录	室外温度________℃ 湿　　度________% 室内温度________℃ 湿　　度________%

日操作安排		
	5：30	喂料前准备
	6：00	饲喂，观察采食情况
	9：00	清粪，打扫圈舍，冲洗粪沟，注意通风换气，排除舍内污浊空气，观察猪群排粪情况
	10：00	检查猪的健康状况，治疗病猪
	13：00	饲喂，观察采食情况
	16：00	清粪，打扫圈舍，冲洗粪沟，观察猪群排粪情况
	20：00	饲喂，观察采食情况
	20：30	巡视猪群

知识窗

◆ **增生性肠炎的预防和治疗**

1. 预防 生长育肥阶段应该通过阶段性使用治疗量（脉冲给药）替米考星防治本病。呼美佳（主要成分为替米考星）饮水，按每100毫升兑水40升，第一周连用3天，第二、三周不用药，第四周连用2天。或复方替米先锋（主要成分为替米考星）拌料，每500克拌650千克料，连续1周，间隔2周，再用1次，连续1周。

2. 治疗

（1）拌料。抗病毒Ⅰ号粉＋复方替米先锋，混合后按每500克拌500千克料，连用7天。

（2）饮水。猪用维多利1瓶＋口服补液盐（配方为氯化钠7克、小苏打5克、氯化钾3克、无水葡萄糖40克，添加到2000毫升水中），以防止脱水、补充营养、提高抵抗力、减轻症状、减少死亡。

（3）病重猪肌内注射。恩诺沙星注射液＋止泻药，按推荐剂量肌内注射，一天一次，连用3天。

备注

第42天

时间记录	____年____月____日
天气记录	室外温度________℃ 湿　　度________% 室内温度________℃ 湿　　度________%

日操作安排	5：30	喂料前准备
	6：00	饲喂，观察采食情况
	9：00	清粪，打扫圈舍，冲洗粪沟，注意通风换气，排除舍内污浊空气，观察猪群排粪情况
	10：00	检查猪的健康状况，治疗病猪
	13：00	饲喂，观察采食情况
	16：00	清粪，打扫圈舍，冲洗粪沟，观察猪群排粪情况
	20：00	饲喂，观察采食情况
	20：30	巡视猪群

知识窗

◆ **猪乙型脑炎**

猪乙型脑炎简称乙脑，是由乙型脑炎病毒引起的一种人畜共患传染病。本病最早发现于日本，所以又称日本乙型脑炎。乙脑病毒必须依靠吸血雌蚊作媒介进行传播，流行环节是猪—蚊—猪。各种年龄、品种、性别的猪均易感染此病，但6月龄以前的猪更易感，病愈后不再复发。本病具有明显的季节性，主要发生于7～8月。

临床症状：病猪多出现高热，精神沉郁或有神经症状，食欲减退，有的出现后肢麻痹、视力减退、摆头、乱冲撞等。

防治措施：驱蚊灭蝇，作好隔离和消毒工作，切断传播途径。免疫用猪乙型脑炎弱毒疫苗按瓶签注明的头份，每头份加入专用稀释液1毫升，待完全溶解后，每头猪肌内注射1毫升。免疫保护期为12个月。对阳性猪场的后备母猪、种公猪，可在其配种前20～30天加强免疫1次。还可以在蚊蝇季节到来前45天左右防疫

备注

生长猪阶段饲养工作总结

三、育肥猪饲养期（42天，60～100千克）

育肥猪饲养期要采用合理的饲养方法，用最短的时间、最少的耗料，达到最大的增重。

1. 采用自由采食的饲喂方法，保持料槽中有足够饲料；每天上午和下午都要检查采食槽中饲料的情况，如饲料不漏或漏出过多都要及时处理，饲料如有浪费，或被猪拱出，或加料撒出要及时回收，杜绝人为浪费。待用饲料要堆放整齐，以免售猪时被踩压，使饲料污染，造成浪费。

2. 出售肉猪时，要本着全进全出的原则，90千克左右体重的猪均可同圈出售。

3. 猪只出售后，要对圈舍进行及时调整，根据两圈头数基本相等、大小基本一致的原则进行。

4. 调群、出栏后的空圈要尽快冲刷干净，并清洗消毒备用。

育肥猪饲养期

第1天

时间记录	____年____月____日
天气记录	室外温度________℃ 湿　　度________% 室内温度________℃ 湿　　度________%

日操作安排

5：30	喂料前准备
6：00	饲喂，观察采食情况
8：00	领取一周的饲料
9：00	清粪，打扫圈舍，冲洗粪沟，注意通风换气，排除舍内污浊空气，观察猪群排粪情况
10：00	检查猪的健康状况，治疗病猪
13：00	饲喂，观察采食情况
16：00	清粪，打扫圈舍，冲洗粪沟，观察猪群排粪情况
20：00	饲喂，观察采食情况
20：30	巡视猪群

日程管理篇　温馨小贴士

第1天　育肥猪饲养期

友情提示

◆ **搞好肉猪饲养　确保猪肉安全**

本周重点：搞好饲料更换。

饲养目标：饲养育肥阶段猪的重点是提高肉猪的猪肉品质与胴体瘦肉率，及时出栏，提高养猪效益。更新观念，实施科学饲养，正确处理好生长速度与效益的关系，尽快从传统的猪长得快就效益高的养猪观念桎梏中解放出来。

提高猪肉品质是一项综合工程，涉及遗传、营养、饲料与饲养技术等主要生产环节

备注

第2天

🕓 时间记录	______年______月______日
☼ 天气记录	室外温度________℃ 湿　　度________% 室内温度________℃ 湿　　度________%

日操作安排		
	5：30	喂料前准备
	6：00	饲喂，观察采食情况
	8：00	更换场门口、生产区入口及猪舍门口的消毒液
	9：00	清粪，打扫圈舍，冲洗粪沟，注意通风换气，排除舍内污浊空气，观察猪群排粪情况
	10：00	检查猪的健康状况，治疗病猪
	13：00	饲喂，观察采食情况
	16：00	清粪，打扫圈舍，冲洗粪沟，观察猪群排粪情况
	20：00	饲喂，观察采食情况
	20：30	巡视猪群

知识窗

◆ **安全猪肉生产**

安全猪肉是指猪肉在生产过程中严格按照国家相关法律的规定及标准，从种猪培育到商品猪、生猪的养殖环境、饮用水质、兽药使用、饲养管理、饲料生产、疫病防治、屠宰加工、储存、运输等各个环节进行有效而严格的管理控制，使感官指标、理化指标尤其是安全卫生指标均达到国家及国际质量标准的猪肉。

安全猪肉皮肤呈乳白色，脂肪洁白且有光泽；肌肉呈均匀红色，表面微干或稍湿，但不粘手，弹性好，指压凹陷立即复原，具有猪肉固有的鲜香气味。生猪屠宰后，胴体迅速进行冷却处理，使胴体温度在24小时内降为0～4℃，并在后续加工、流通和销售过程中始终保持在0～4℃范围内，这样的生鲜肉即为冷鲜肉。因为在加工前经过了预冷排酸，使肉完成了“成熟”过程，所以冷鲜肉看起来比较湿润，摸起来柔软有弹性，加工起来易入味，口感滑腻、鲜嫩

备注

第3天

◷ 时间记录	____年____月____日
☼ 天气记录	室外温度________℃ 湿　　度________% 室内温度________℃ 湿　　度________%

日操作安排		
	5：30	喂料前准备
	6：00	饲喂，观察采食情况
	9：00	清粪，打扫圈舍，冲洗粪沟，注意通风换气，排除舍内污浊空气，观察猪群排粪情况
	10：00	检查猪的健康状况，治疗病猪
	13：00	饲喂，观察采食情况
	16：00	清粪，打扫圈舍，冲洗粪沟，观察猪群排粪情况
	20：00	饲喂，观察采食情况
	20：30	巡视猪群

知识窗

◆ **强化安全猪肉生产体系建设**

安全猪肉是在我国养猪生产中大量使用违禁药物的前提下提出的，主要根源是猪病频发、添加剂与兽药滥用导致药物残留，猪肉市场监管不力导致病死猪肉与有害猪肉进入流通。

安全猪肉生产体系包括严防境外传染病的传入、疫情的控制和扑灭、疫苗生产质量的监控和提高、强化生猪屠宰流通监管、地区性猪群病原净化的建立等。

除此之外，如何通过调整猪的饲养技术和营养对策，使猪不易得病，成为猪的饲养技术和营养对策的基点。使不得病的猪更有经济和社会效益，将成为养猪业的一个新增长点

备注

第4天

◷ 时间记录	______年____月____日
☼ 天气记录	室外温度________℃ 湿　　度________% 室内温度________℃ 湿　　度________%

日操作安排

5：30	喂料前准备
6：00	饲喂，观察采食情况
9：00	清粪，打扫圈舍，冲洗粪沟，注意通风换气，排除舍内污浊空气，观察猪群排粪情况
10：00	检查猪的健康状况，治疗病猪
13：00	饲喂，观察采食情况
16：00	清粪，打扫圈舍，冲洗粪沟，观察猪群排粪情况
20：00	饲喂，观察采食情况
20：30	巡视猪群

日程管理篇 温馨小贴士

第4天 育肥猪饲养期

重点提示

◆ **安全猪肉生产中的营养策略**

“安全猪肉生产”有两个目标：提供安全猪肉产品和减少对环境的污染。为此，生产可采用以下营养措施：使用微生态制剂，减少对饲料抗生素的依赖。使用寡糖，促使有益菌增殖，克服活菌剂的缺陷。使用酶制剂，提高饲料的利用率，减少对环境的污染。使用有机微量添加剂来代替无机微量添加剂来提高微量元素的利用率，减少对环境的污染。

使用生物肽添加剂来满足机体的特殊营养需要。

使用特别氨基酸调节机体的特殊功能。例如，利用赖氨酸来增强机体的免疫功能；利用色氨酸来调控胰岛素样生长因子（IGF）系统基因的表达，维持肠道的健康

备注

第5天

时间记录	____年____月____日
天气记录	室外温度______℃ 湿　　度______% 室内温度______℃ 湿　　度______%

日操作安排	时间	内容
	5：30	喂料前准备
	6：00	饲喂，观察采食情况
	8：00	更换场门口、生产区入口及猪舍门口的消毒液
	9：00	清粪，打扫圈舍，冲洗粪沟，注意通风换气，排除舍内污浊空气，观察猪群排粪情况
	10：00	检查猪的健康状况，治疗病猪
	13：00	饲喂，观察采食情况
	14：00	0.1%次氯酸钠带猪消毒
	16：00	清粪，打扫圈舍，冲洗粪沟，观察猪群排粪情况
	20：00	饲喂，观察采食情况
	20：30	巡视猪群

知识窗

◆ **无公害猪肉生产**

无公害猪肉是国际通用的名称，我国政府于2001年正式提出，由农业部负责实施。它比市场上通常所说的放心猪肉有更高的等级标准，要遵循一系列国家法规、标准，按照一套严格的生产体系生产。在我国负责监督无公害猪肉生产的法规其实并非单独由农业部发布，而是由许多部门共同颁布的法规组成。

生产无公害猪肉要注意品种引进、饮水、饲料、环境控制、疾病预防、废物处理、经营管理、屠宰加工等几个重要技术环节，各个环节都很重要，不能忽视任何一个，否则生产不出合格的猪肉产品

备注

第6天

时间记录	____年____月____日
天气记录	室外温度______℃ 湿　　度______% 室内温度______℃ 湿　　度______%

日操作安排		
	5：30	喂料前准备
	6：00	饲喂，观察采食情况
	9：00	清粪，打扫圈舍，冲洗粪沟，注意通风换气，排除舍内污浊空气，观察猪群排粪情况
	10：00	检查猪的健康状况，治疗病猪
	13：00	饲喂，观察采食情况
	16：00	清粪，打扫圈舍，冲洗粪沟，观察猪群排粪情况
	20：00	饲喂，观察采食情况
	20：30	巡视猪群

知识窗

◆ **绿色猪肉生产**

绿色食品是指遵循可持续发展原则，按照特定生产方式生产，经专门机构认证，许可使用绿色食品标志的无污染的安全、优质、营养类食品。绿色猪肉不同于无公害猪肉，是绿色食品的一种。现代条件下的绿色猪肉生产是一个系统化的生物工程。目前我国绿色猪肉生产必须执行《绿色食品　动物卫生准则》、《绿色食品　兽药使用准则》和《绿色食品　饲料及饲料添加剂准则》。

实际上，从产业化生产的角度看，生产绿色猪肉应包括饲料原料——绿色玉米、大豆生产，绿色饲料加工，肉猪饲养管理，猪病控制，质量监测等。生产中必须做到建立或引进种、养、加、销、研发一体化的企业集团，实施产业化开发生产；建立企业标准化体系；产地必须按照绿色食品生产基地的标准进行建设与管理

备注

育肥猪饲养期

第7天

◷ 时间记录	______年____月____日
☼ 天气记录	室外温度________℃ 湿　　度________% 室内温度________℃ 湿　　度________%

日操作安排		
	5：30	喂料前准备
	6：00	饲喂，观察采食情况
	9：00	清粪，打扫圈舍，冲洗粪沟，注意通风换气，排除舍内污浊空气，观察猪群排粪情况
	10：00	检查猪的健康状况，治疗病猪
	13：00	饲喂，观察采食情况
	16：00	清粪，打扫圈舍，冲洗粪沟，观察猪群排粪情况
	20：00	饲喂，观察采食情况
	20：30	巡视猪群

知识窗

◆ **有机猪肉**

有机食品指来自有机农业生产体系，根据有机农业生产要求和相应标准生产加工，并且通过合法的有机食品认证机构认证的农副产品及其加工品。有机猪肉是有机食品的一种。

有机食品、绿色食品、无公害食品是一组与食品安全和生态环境相关的概念。有机食品是以不施用人工合成的化学物质为手段，利用一系列可持续发展的农业技术，减少生产过程对环境和产品的污染，并在生产中建立一套人与自然和谐的生态系统，以促进生物多样性和资源的可持续利用。有机养猪生产是在生产中不使用人工合成的饲料添加剂等物质，不采用基因工程获得的生物及其产物为手段，遵循自然规律和生态学原理，采取一系列可持续发展的农业技术，促进生态平衡、物种的多样性和资源的可持续利用

备注

一周总结

第8天

时间记录	____年____月____日
天气记录	室外温度________℃ 湿　　度________% 室内温度________℃ 湿　　度________%

日操作安排	时间	内容
	5：30	喂料前准备
	6：00	饲喂，观察采食情况
	8：00	领取一周的饲料
	9：00	清粪，打扫圈舍，冲洗粪沟，注意通风换气，排除舍内污浊空气，观察猪群排粪情况
	10：00	检查猪的健康状况，治疗病猪
	13：00	饲喂，观察采食情况
	16：00	清粪，打扫圈舍，冲洗粪沟，观察猪群排粪情况
	20：00	饲喂，观察采食情况
	20：30	巡视猪群

知识窗

◆ **猪肉品质的评价**

猪肉品质是鲜肉物理特性和化学特性的综合体现，猪肉品质的定义在不同的国家间、同一国家不同的市场间有不同的概念。流传最广的是由Hof mm an (1986) 提出的，将猪肉品质定义为四个方面，即感官品质、加工品质、营养价值和卫生（毒性或食品安全方面）状况。

猪肉品质的评价指标涉及许多方面，其中许多指标尚无明确地定义，而且难以客观地测定。目前评价猪肉肉质的指标有：肉色、肌间脂肪（大理石纹）、嫩度、pH、蛋白质的溶解度、滴水损失、系水力、干物质含量、总脂含量、烹调损失、烹调后水分含量、多汁性、口感嫩度、咀嚼性能、口感风味等

备注

第9天

时间记录	____年____月____日
天气记录	室外温度____℃ 湿　　度____% 室内温度____℃ 湿　　度____%

日操作安排		
	5：30	喂料前准备
	6：00	饲喂，观察采食情况
	8：00	更换场门口、生产区入口及猪舍门口的消毒液
	9：00	清粪，打扫圈舍，冲洗粪沟，注意通风换气，排除舍内污浊空气，观察猪群排粪情况
	10：00	检查猪的健康状况，治疗病猪
	13：00	饲喂，观察采食情况
	16：00	清粪，打扫圈舍，冲洗粪沟，观察猪群排粪情况
	20：00	饲喂，观察采食情况
	20：30	巡视猪群

知识窗

◆ 饲喂水平与猪肉品质

饲喂水平直接影响猪的瘦肉率、脂肪沉积量和脂肪酸的构成，最终影响猪肉品质。

在自由采食条件下，肌肉蛋白质沉积快，肌纤维降解酶系活性高，盐溶性胶原蛋白比例高，不饱和脂肪酸比例低。高能量、低蛋白日粮也使肌肉盐溶性胶原蛋白比例及肌间脂肪比例增高。这些因素都可改善肉的嫩度和风味。自由采食的猪肌肉剪切力比限饲的猪低。体重较大的猪，当能量供给超过蛋白质沉积最高水平后，势必增加胴体肥度。因此，对于传统猪种，限饲可有效提高其瘦肉率。通常的限饲水平为低于自由采食的10%（母猪）～20%（阉公猪）。

饲粮高钙可改善肉的嫩度。饲粮高镁（尤其是有机镁）可提高肌肉初始pH，降低糖原酵解，延迟应激敏感猪尸僵，减少苍白、松软、渗出性猪肉（PSE）发生。维生素E（对含鱼油饲粮效果更好）能延长理想肉色维持时间。维生素C具有抗应激作用，可缓解宰后肌肉pH下降，对维持正常肉质有益处

备注

第10天

⏲ 时间记录	____年____月____日
☼ 天气记录	室外温度______℃ 湿　　度______% 室内温度______℃ 湿　　度______%

日操作安排		
	5：30	喂料前准备
	6：00	饲喂，观察采食情况
	9：00	清粪，打扫圈舍，冲洗粪沟，注意通风换气，排除舍内污浊空气，观察猪群排粪情况
	10：00	检查猪的健康状况，治疗病猪
	13：00	饲喂，观察采食情况
	16：00	清粪，打扫圈舍，冲洗粪沟，观察猪群排粪情况
	20：00	饲喂，观察采食情况
	20：30	巡视猪群

知识窗

◆ **饲养期限与猪肉品质**

对于生长快的瘦肉型猪，随着能量采食趋于自由采食水平，体蛋白存留呈线性增加趋势。因此，瘦肉型猪更适合自由采食或接近自由采食。近年来，人们发现通过延长饲养时间（180天以上），增大出栏体重（110千克以上），调整生产季节及合理安排宰前休息也能在一定程度上提高肉质档次，特别是猪肉的口感、风味

备注

第11天

时间记录	____年____月____日
天气记录	室外温度________℃ 湿　　度________% 室内温度________℃ 湿　　度________%

日操作安排	时间	内容
	5：30	喂料前准备
	6：00	饲喂，观察采食情况
	9：00	清粪，打扫圈舍，冲洗粪沟，注意通风换气，排除舍内污浊空气，观察猪群排粪情况
	10：00	检查猪的健康状况，治疗病猪
	13：00	饲喂，观察采食情况
	16：00	清粪，打扫圈舍，冲洗粪沟，观察猪群排粪情况
	20：00	饲喂，观察采食情况
	20：30	巡视猪群

知识窗

◆ **饲料蛋白质、氨基酸与猪肉品质**

饲料蛋白质和氨基酸是影响猪生长速度和胴体构成的主要因素。摄入不足会降低胴体瘦肉率，增加脂肪沉积；摄入过量又会降低瘦肉生长效率，增加料肉比。用高蛋白饲料饲喂瘦肉型猪，可提高瘦肉率，降低肌肉含脂水平，但肉的嫩度下降。随饲粮蛋白质水平增加，28～104 千克猪胴体背膘下降，瘦肉率增加，而肌肉大理石纹减少，肉嫩度下降。补充合成氨基酸可提高猪的生产性能，改善饲料转化率，减少营养物质特别是氮的排出，缓解养猪排泄物对环境的压力，并降低猪肉背膘厚度，增加眼肌面积和瘦肉率。在生长育肥猪饲料中添加过量的色氨酸，可降低应激，减少 PSE 肉的发生。50～110 千克的猪饲料中使用 0.9 克/千克的肌肽(由β-丙氨酸和组氨酸组成的二肽)，可改善肉色和提高骨骼肌的氧化稳定性，并与维生素 E 具有协同作用。但也有报道补充合成氨基酸的低蛋白日粮对猪胴体品质有不良影响。补充赖氨酸对肌肉纤维类型没有影响，但能增加某些肌肉体积和肌纤维的直径，增加背最长肌面积，降低肌肉的多汁性和嫩度

备注

第12天

时间记录	____年____月____日
天气记录	室外温度______℃ 湿　　度______％ 室内温度______℃ 湿　　度______％

日操作安排		
	5：30	喂料前准备
	6：00	饲喂，观察采食情况
	8：00	更换场门口、生产区入口及猪舍门口的消毒液
	9：00	清粪，打扫圈舍，冲洗粪沟，注意通风换气，排除舍内污浊空气，观察猪群排粪情况
	10：00	检查猪的健康状况，治疗病猪
	13：00	饲喂，观察采食情况
	14：00	0.03％百毒灭带猪消毒
	16：00	清粪，打扫圈舍，冲洗粪沟，观察猪群排粪情况
	20：00	饲喂，观察采食情况
	20：30	巡视猪群

日程管理篇 温馨小贴士

第12天

育肥猪饲养期

知识窗

◆ **饲料脂肪与猪肉品质**

饲料脂肪与猪肉的瘦肉率、嫩度、多汁性和风味等品质密切相关。猪能完整地吸收脂肪酸并沉积于体脂肪中，通过调整饲料中脂肪的组成和含量可改变猪肉中的脂肪酸类型和水平。猪肉的风味产生于脂肪组织中的脂肪酸和水溶性物质在烹调过程中的水解反应，控制猪肉的适宜肥度，是提高猪肉品质营养调控的重点。通常认为肌肉含脂量控制在2.5%～3.5%范围内比较理想。现代瘦肉型猪种倾向于生产含高比例不饱和脂肪酸的猪肉，有利于消费者的健康，因此，养猪生产中向猪饲料中添加不饱和脂肪酸，主要是亚油酸（C18：2），但饲料中不饱和脂肪酸的含量过高容易导致产生软脂肉。猪饲料中添加适量共轭亚油酸(CLA)，能显著改善猪肉品质

备注

第13天

◷ 时间记录	_____年____月____日
☼ 天气记录	室外温度______℃ 湿　　度______% 室内温度______℃ 湿　　度______%

日操作安排	时间	内容
	5：30	喂料前准备
	6：00	饲喂，观察采食情况
	9：00	清粪，打扫圈舍，冲洗粪沟，注意通风换气，排除舍内污浊空气，观察猪群排粪情况
	10：00	检查猪的健康状况，治疗病猪
	13：00	饲喂，观察采食情况
	16：00	清粪，打扫圈舍，冲洗粪沟，观察猪群排粪情况
	20：00	饲喂，观察采食情况
	20：30	巡视猪群

知识窗

◆ **饲料原料与猪肉品质**

高粱对猪肉风味影响较大，而饲喂玉米、小麦、大麦等则不产生明显影响，若用100%裸燕麦饲喂则猪肉风味浓度高于玉米饲喂。用炒熟的全脂大豆或脱脂菜籽粕饲喂不影响猪肉风味，而饲粮中生大豆含量超过9%则引起猪肉风味下降。饲喂腐败肉渣和动物下脚料会使猪肉产生不良风味。饲喂鱼粉可使猪肉产生鱼腥味。饲喂鱼油可显著增加猪肉多不饱和脂肪酸含量，但同时也会增加脂肪异味和臭味，因此至少应在宰前2周少喂或不喂能产生鱼腥味的饲料，可防止猪肉产生鱼腥味或脂肪异味

备注

第14天

◷ 时间记录	＿＿年＿＿月＿＿日
☼ 天气记录	室外温度＿＿＿℃ 湿　　度＿＿＿% 室内温度＿＿＿℃ 湿　　度＿＿＿%

日操作安排		
	5：30	喂料前准备
	6：00	饲喂，观察采食情况
	9：00	清粪，打扫圈舍，冲洗粪沟，注意通风换气，排除舍内污浊空气，观察猪群排粪情况
	10：00	检查猪的健康状况，治疗病猪
	13：00	饲喂，观察采食情况
	16：00	清粪，打扫圈舍，冲洗粪沟，观察猪群排粪情况
	20：00	饲喂，观察采食情况
	20：30	巡视猪群

知识窗

◆ **品种与猪肉品质**

品种是决定瘦肉率的关键因素。脂肪型猪或土种猪瘦肉率一般为38%～45%，经过用杜洛克等优种猪杂交的后代瘦肉率可达55%，而饲养杜洛克、长白、大白或其他瘦肉型猪生产的三元杂交商品猪，瘦肉率可达64%以上。

品种不仅与猪的瘦肉率有关，而且也直接影响猪肉的品质。氟烷敏感基因（HAL）、猪应激敏感综合征（PSS）、酸肉基因（RN）是导致PSE劣质猪肉发生的主要原因。氟烷反应显阳性的猪（nn）敏感性高，易产生应激综合征，这种猪在屠宰后，肌肉pH下降速度快，终点pH低，肉色偏白，失水率高，PSE肉发生率高。酸肉基因也是一个影响肉质性状的重要标记基因。携带RN-的猪，肌肉蛋白质含量低，在白色肌纤维中糖原含量高，宰后终点pH较低，引起猪肉酸化，同时磷酸盐含量较低，腌制或制作火腿的加工产量下降（5%～6%）

备注

一周总结

第15天

时间记录	____年____月____日
天气记录	室外温度________℃ 湿　　度________% 室内温度________℃ 湿　　度________%

日操作安排	时间	内容
	5：30	喂料前准备
	6：00	饲喂，观察采食情况
	8：00	领取一周的饲料
	9：00	清粪，打扫圈舍，冲洗粪沟，注意通风换气，排除舍内污浊空气，观察猪群排粪情况
	10：00	检查猪的健康状况，治疗病猪
	13：00	饲喂，观察采食情况
	16：00	清粪，打扫圈舍，冲洗粪沟，观察猪群排粪情况
	20：00	饲喂，观察采食情况
	20：30	巡视猪群

知识窗

◆ **我国地方猪种的猪肉品质**

大量研究表明，我国地方品种猪肉质与外来猪种相比有许多优势：肉质细嫩、多汁、肉味香浓、适口性良好。而引入的瘦肉型品种猪肉的肌纤维粗、口感差、风味淡薄。因此，应在利用丰富地方猪种资源基础上引进杜洛克等生长快、瘦肉率高的猪种开展杂交优势利用，建立瘦肉率高、生产快、适应性强、肉质好的猪肉生产基地

备注

第16天

时间记录	____年____月____日
天气记录	室外温度______℃ 湿　　度______% 室内温度______℃ 湿　　度______%

日操作安排

5：30	喂料前准备
6：00	饲喂，观察采食情况
8：00	更换场门口、生产区入口猪舍门口的消毒液
9：00	清粪，打扫圈舍，冲洗粪沟，注意通风换气，排除舍内污浊空气，观察猪群排粪情况
10：00	检查猪的健康状况，治疗病猪
13：00	饲喂，观察采食情况
16：00	清粪，打扫圈舍，冲洗粪沟，观察猪群排粪情况
20：00	饲喂，观察采食情况
20：30	巡视猪群

知识窗

◆ **提高肉猪胴体品质的添加剂**

(1) 中草药添加剂。中草药添加剂能明显改善生长育肥猪胴体品质和肉品质，提高瘦肉率，增加眼肌面积。小茴香、肉桂、山楂、甘草等中草药添加剂含有抗氧化物质，能降低体内自由基代谢产物含量，从而保护细胞膜的完整性和功能的正常发挥，降低滴水损失，从而改善肉品质量。

(2) 甜菜碱。育肥猪日粮中添加甜菜碱，可通过提高猪肉中肌红蛋白、肌肉脂肪和肌苷酸的含量来有效改善猪肉的色泽、柔嫩度和香味。日粮中添加0.25%甜菜碱可改善育肥猪瘦肉和胴体品质，表现为第10肋骨处背膘厚度下降20%，日平均瘦肉增长率提高14.6%，胴体脂肪含量下降10.5%。

(3) 半胱胺盐酸盐。半胱胺盐酸盐能提高瘦肉率和肌肉肉色评分，并显著降低脂肪沉积。

(4) 糖萜素。每千克日粮中添加500毫克糖萜素有改善肉色的趋势，能够降低育肥猪肉中胆固醇的含量，显著提高猪肉中肌苷酸的含量，改善肉的品质

备注

第17天

时间记录	____年____月____日
天气记录	室外温度________℃ 湿　　度________% 室内温度________℃ 湿　　度________%

日操作安排		
	5：30	喂料前准备
	6：00	饲喂，观察采食情况
	9：00	清粪，打扫圈舍，冲洗粪沟，注意通风换气，排除舍内污浊空气，观察猪群排粪情况
	10：00	检查猪的健康状况，治疗病猪
	13：00	饲喂，观察采食情况
	16：00	清粪，打扫圈舍，冲洗粪沟，观察猪群排粪情况
	20：00	饲喂，观察采食情况
	20：30	巡视猪群

日程管理篇 温馨小贴士

第17天 育肥猪饲养期

知识窗

◆ **严禁使用瘦肉精**

瘦肉精是一类药物、属β激动剂、肾上腺类神经兴奋剂。有数种药物被称为瘦肉精。例如，克伦特罗、莱克多巴胺、盐酸克伦特罗、沙丁胺醇、硫酸特布他林、硫酸沙丁胺醇和西马特罗。20世纪90年代初国外曾将瘦肉精用于饲料添加剂，后因人的不良反应而被禁用。该物质对心脏有兴奋作用，对支气管平滑肌有较强而持久的扩张作用。口服后较易经胃肠道吸收。猪食用后在代谢过程中促进蛋白质合成，加速脂肪的转化和分解，提高了猪肉的瘦肉率，因此称为瘦肉精。

使用瘦肉精的不良后果：使用含有瘦肉精的饲料饲喂猪，猪肉中残留的瘦肉精将使人中毒。人们食用含有“瘦肉精”的猪肉，通常会产生头晕、乏力、心悸、四肢肌肉颤动、手抖，甚至不能站立等症状。目前禁止在饲料中使用

备注

第18天

◷ 时间记录	____年____月____日
☼ 天气记录	室外温度________℃ 湿　　度________% 室内温度________℃ 湿　　度________%

日操作安排	时间	内容
	5：30	喂料前准备
	6：00	饲喂，观察采食情况
	9：00	清粪，打扫圈舍，冲洗粪沟，注意通风换气，排除舍内污浊空气，观察猪群排粪情况
	10：00	检查猪的健康状况，治疗病猪
	13：00	饲喂，观察采食情况
	16：00	清粪，打扫圈舍，冲洗粪沟，观察猪群排粪情况
	20：00	饲喂，观察采食情况
	20：30	巡视猪群

难点提示

◆ **维生素E与猪肉品质**

脂肪氧化会使猪肉产生难闻的气味并缩短产品的货架期。维生素E可通过直接阻止脂质氧化从而间接延缓氧合肌红蛋白的氢化，从而发挥保护肉色、延缓肉质氧化、延长货架期的功能。此外，维生素E还具有防止细胞中磷脂氧化而保护肌肉细胞的完整性，从而抑制肌浆液通过肌肉细胞膜的外渗，减少水分损失的作用。日粮中添加维生素E可以提高肌肉的系水力，并可明显地降低Ca^{2+}的释放量，降低糖酵解速度，从而防止PSE肉的产生。猪日粮中添加300毫克/千克的维生素E，猪肉的pH正常，系水力好，肉色鲜红，肉质保存期延长。生长育肥猪添加20～30毫克/千克的维生素E，屠宰后猪肉在贮存期间肉质明显改善，汁液损耗减少，系水力增强，肉的嫩度、外观都较好

备注

第19天

① 时间记录	____年____月____日
☼ 天气记录	室外温度________℃ 湿　　度________% 室内温度________℃ 湿　　度________%

日操作安排	时间	内容
	5：30	喂料前准备
	6：00	饲喂，观察采食情况
	8：00	更换场门口、生产区入口及猪舍门口的消毒液
	9：00	清粪，打扫圈舍，冲洗粪沟，注意通风换气，排除舍内污浊空气，观察猪群排粪情况
	10：00	检查猪的健康状况，治疗病猪
	13：00	饲喂，观察采食情况
	14：00	0.03%百毒灭带猪消毒
	16：00	清粪，打扫圈舍，冲洗粪沟，观察猪群排粪情况
	20：00	饲喂，观察采食情况
	20：30	巡视猪群

温馨小贴士

第19天

知识窗

◆ **硒与猪肉品质**

硒是细胞内谷胱甘肽过氧化物酶的组成成分，和维生素E协同作用而显著降低细胞的氧化应激。因此，硒同样有助于维持肉品质量。许多研究表明，抗氧化剂的摄入和猪肉品质的提高紧密相关。添加硒降低了猪肉的氧化损害。硒能够保护细胞免受损伤而提高肉品的质量。给生长育肥猪日粮中添加0.3毫克/千克的硒能减少松软渗出灰质猪肉的发生，改善猪肉风味。日粮中添加100毫克/千克富含硒的酵母，明显改善了贮藏过程中的肉色并减少了滴水损失

备注

第20天

时间记录	____年____月____日
天气记录	室外温度______℃ 湿　　度______% 室内温度______℃ 湿　　度______%

日操作安排	时间	内容
	5：30	喂料前准备
	6：00	饲喂，观察采食情况
	9：00	清粪，打扫圈舍，冲洗粪沟，注意通风换气，排除舍内污浊空气，观察猪群排粪情况
	10：00	检查猪的健康状况，治疗病猪
	13：00	饲喂，观察采食情况
	16：00	清粪，打扫圈舍，冲洗粪沟，观察猪群排粪情况
	20：00	饲喂，观察采食情况
	20：30	巡视猪群

日程管理篇 温馨小贴士

第20天

难点提示

◆ 育肥猪日粮能量水平

育肥猪日粮中能量水平的高低对胴体品质影响极大。一般来说能量摄取越多，增重越快，饲料利用率越高，胴体脂肪越多。因此，在育肥后期采取限量饲喂，限制能量水平，可控制脂肪的大量沉积，相应提高瘦肉率。应该注意的是，能量水平控制要适当，如能量水平限制过低，将会导致采食量增加，但由于进食量有限，到一定程度后进食量的增加不能完全补偿食入消化能的减少，猪的增重减慢，脂肪减少，胴体较瘦，屠宰率和饲料利用率均降低。用这种方法来改善胴体品质，提高瘦肉率是不经济的。与能量浓度密切相关的是粗纤维的含量问题，粗纤维的含量对胴体瘦肉率亦有相当大的影响。粗纤维水平越高，有效能量浓度相应越低，增重慢，饲料利用率低。对胴体品质来说，瘦肉比例虽有提高，但利用增加粗纤维的比例来提高瘦肉率，会影响生长育肥经济效果

备注

第21天

时间记录	_____年____月____日
天气记录	室外温度_______℃ 湿　　度_______% 室内温度_______℃ 湿　　度_______%

日操作安排		
	5：30	喂料前准备
	6：00	饲喂，观察采食情况
	9：00	清粪，打扫圈舍，冲洗粪沟，注意通风换气，排除舍内污浊空气，观察猪群排粪情况
	10：00	检查猪的健康状况，治疗病猪
	13：00	饲喂，观察采食情况
	16：00	清粪，打扫圈舍，冲洗粪沟，观察猪群排粪情况
	20：00	饲喂，观察采食情况
	20：30	巡视猪群

难点提示

◆ **膻味**

“膻味”是由睾丸分泌且储存于脂肪中的雄烯酮所引起的难闻刺激味。在我国养猪生产中，仍采用传统的外科阉割法进行去势，以去掉公猪肉中膻味。但是，对猪实行外科阉割去势术，不仅有许多缺点，更重要的是外科阉割还抑制了猪的生长，降低了胴体品质和饲料转化率。鉴于此，不少学者试图通过激素免疫来取得类似外科阉割去势的效果，给猪免疫促性腺激素释放激素，能有效抑制生殖器官的发育，降低血清中促性腺激素和性腺类固醇激素的水平，并且对其生产性能和胴体品质没有影响。因而许多学者认为：促性腺激素释放激素免疫可望成为一种取代传统外科阉割的去势方法。随着免疫技术的逐渐成熟，其在养猪生产上的应用前景将更加光明

备注

一周总结

第22天

时间记录	____年____月____日
天气记录	室外温度______℃ 湿　　度______% 室内温度______℃ 湿　　度______%

日操作安排		
	5：30	喂料前准备
	6：00	饲喂，观察采食情况
	8：00	领取一周的饲料
	9：00	清粪，打扫圈舍，冲洗粪沟，注意通风换气，排除舍内污浊空气，观察猪群排粪情况
	10：00	检查猪的健康状况，治疗病猪
	13：00	饲喂，观察采食情况
	16：00	清粪，打扫圈舍，冲洗粪沟，观察猪群排粪情况
	20：00	饲喂，观察采食情况
	20：30	巡视猪群

难点提示

◆ **防止育肥猪过度运动和惊恐**

猪在育肥过程中，应防止过度的运动，特别是激烈争斗或追赶，过度运动不仅消耗体内能量，更严重的是容易使猪患上一种应激综合征。初期病猪出现不安，肌肉和尾巴震颤，皮肤有时出现红斑，体温升高，黏膜发绀，食欲减退或不良，后期肌肉僵硬，猪站立困难，眼球突出，全身无力，呈休克状态。严重的病例，无任何症状就突然死亡，大多数猪在0.5～1.5小时内死亡。以肌肉丰满、体矮、腿短的育肥猪容易发病。对已发病猪如症状较轻，处于发病早期时，应立即单圈饲养，给予充分安静和休息，同时用凉水浇洒全身

备注

育肥猪饲养期

第23天

时间记录	____年____月____日
天气记录	室外温度______℃ 湿　　度______% 室内温度______℃ 湿　　度______%

日操作安排		
	5：30	喂料前准备
	6：00	饲喂，观察采食情况
	8：00	更换场门口、生产区入口及猪舍门口的消毒液
	9：00	清粪，打扫圈舍，冲洗粪沟，注意通风换气，排除舍内污浊空气，观察猪群排粪情况
	10：00	检查猪的健康状况，治疗病猪
	13：00	饲喂，观察采食情况
	16：00	清粪，打扫圈舍，冲洗粪沟，观察猪群排粪情况
	20：00	饲喂，观察采食情况
	20：30	巡视猪群

难点提示

◆ **重视猪场污染**

最大限度地发挥每头猪的生产性能一直是生产者和营养学家共同追求的目标。因而，一般的日粮配合很少或根本不考虑营养物质的排出，结果使过量的营养素（主要是氮和磷）随粪尿排出。近年来，公众对环境的关注日益强烈。通过营养学技术，提高猪的饲料转化效率，减少排污（粪尿），已成为当前养猪生产者及营养学工作者研究的一个热点。通过补充合成氨基酸，降低日粮蛋白质，能使氮的排出量显著减少；在日粮中添加植酸酶，可提高磷的利用率，减少日粮中磷的添加量，从而降低磷的排出。此外，抗生素、益生素、单细胞蛋白和酵母、有机铬等在减少猪营养物质浪费方面也有一定作用

备注

第24天

⏲ 时间记录	____年____月____日
☼ 天气记录	室外温度______℃ 湿　　度______% 室内温度______℃ 湿　　度______%

日操作安排		
	5：30	喂料前准备
	6：00	饲喂，观察采食情况
	9：00	清粪，打扫圈舍，冲洗粪沟，注意通风换气，排除舍内污浊空气，观察猪群排粪情况
	10：00	检查猪的健康状况，治疗病猪
	13：00	饲喂，观察采食情况
	16：00	清粪，打扫圈舍，冲洗粪沟，观察猪群排粪情况
	20：00	饲喂，观察采食情况
	20：30	巡视猪群

难点提示

◆ **猪粪堆肥化处理（一）**

堆肥是目前普遍使用的固体粪便处理技术，可采用条垛堆肥、静态通气堆肥、箱式堆肥以及槽式堆肥等形式。

条垛堆肥是将原料混合物堆成长条形的堆或条垛，在好氧条件下进行分解，是一种常见好氧发酵系统。条垛的通气主要由自然或被动通风完成。通气速率由条垛的孔隙度决定。条垛太大，在其中心附近会有厌氧区，当翻动条垛时有臭气释放；条垛太小，其散热迅速，堆温不能杀灭病原体和杂草种子，水分蒸发少。长、宽、高分别为10～15米、2～4米、1.5～2米的条垛，气温20℃左右须腐熟15～20天，期间须翻垛1～2次，此后静置堆放2～3个月即可完全腐熟。

静态通气堆肥是由正压风机、多孔管道和料堆中的空隙所组成的堆肥化处理系统，通过管道及风机向堆体供气，使堆体充氧，因而不需要对原料进行翻堆。如果空气供应很充足，堆料混合均匀，堆肥周期为3～5周

备注

第25天

◷ 时间记录	____年____月____日
☼ 天气记录	室外温度________℃ 湿　　度________% 室内温度________℃ 湿　　度________%

日操作安排		
	5：30	喂料前准备
	6：00	饲喂，观察采食情况
	8：00	领取一周的饲料
	9：00	清粪，打扫圈舍，冲洗粪沟，注意通风换气，排除舍内污浊空气，观察猪群排粪情况
	10：00	检查猪的健康状况，治疗病猪
	13：00	饲喂，观察采食情况
	16：00	清粪，打扫圈舍，冲洗粪沟，观察猪群排粪情况
	20：00	饲喂，观察采食情况
	20：30	巡视猪群

难点提示

◆ **猪粪堆肥化处理（二）**

箱式堆肥系统由发酵仓和通风系统构成，其通风系统与静态通气堆肥相同，所不同的是箱式堆肥是使堆料混合物在密闭的箱式结构中进行发酵，没有臭气污染，而且堆肥发酵箱可自由运输，还能很好地控制堆肥发酵过程，发酵过程在2～3周内完成。

槽式堆肥系统将可控通风与定期翻堆相结合，堆肥过程发生在长而窄的被称作“槽”的通道内。轨道由墙体支撑，在轨道上有一台翻堆机。随着翻堆机在轨道上移动、搅拌，堆肥混合原料向槽的另一端位移，当原料基本腐熟时，能刚好被移出槽外。一般发酵时间3～5周

备注

第26天

◷ 时间记录	______年______月______日
☼ 天气记录	室外温度______℃ 湿　　度______% 室内温度______℃ 湿　　度______%

日操作安排	时间	内容
	5：30	喂料前准备
	6：00	饲喂，观察采食情况
	8：00	更换场门口、生产区入口及猪舍门口的消毒液
	9：00	清粪，打扫圈舍，冲洗粪沟，注意通风换气，排除舍内污浊空气，观察猪群排粪情况
	10：00	检查猪的健康状况，治疗病猪
	13：00	饲喂，观察采食情况
	14：00	0.03%百毒灭带猪消毒
	16：00	清粪，打扫圈舍，冲洗粪沟，观察猪群排粪情况
	20：00	饲喂，观察采食情况
	20：30	巡视猪群

难点提示

◆ **粪污沼气化处理**

规模化猪场的液态粪污可采用沼气发酵工艺进行处理。沼气发酵是在无氧条件下，厌氧微生物将复杂有机物分解为简单化合物，最终生成沼气的工艺过程。粪污沼气化处理系统包括粪污预处理、粪污的厌氧发酵、沼气储存、净化与利用、沼渣沼液分离、沼渣沼液利用以及沼液处理。沼气可用作燃料、可以发电；沼液的还原性较强，刚排出时不能施用，一般在沼液储存池存放10天左右，用于灌溉农田，不仅可以充分利用沼液中多种微生物、作物生长的刺激因子、营养物以及水资源，同时大大减少后处理的费用。还田利用不完剩余的沼液必须经过处理，达到相应的排放标准后才能排入水体。常用的处理方法有自然处理、好氧处理和物化处理，在有土地可以利用的情况下，自然处理是首选的方法

备注

第27天

时间记录	____年____月____日
天气记录	室外温度____℃ 湿　　度____% 室内温度____℃ 湿　　度____%

日操作安排		
	5：30	喂料前准备
	6：00	饲喂，观察采食情况
	9：00	清粪，打扫圈舍，冲洗粪沟，注意通风换气，排除舍内污浊空气，观察猪群排粪情况
	10：00	检查猪的健康状况，治疗病猪
	13：00	饲喂，观察采食情况
	16：00	清粪，打扫圈舍，冲洗粪沟，观察猪群排粪情况
	20：00	饲喂，观察采食情况
	20：30	巡视猪群

难点提示

◆ **生物发酵床养猪技术**

发酵床养猪技术是一种无污染、零排放的有机农业技术，是利用微生物作为物质能量循环、转换的“中枢”作用，采用高科技手段采集特定有益微生物，通过筛选、培养、检验、提纯、复壮与扩繁等工艺流程，形成具备强大活力的功能微生物菌种，再按一定的比例将其与锯末或木屑、辅助材料、活性剂、食盐等混合发酵制成有机复合垫料，在经过特殊设计的猪舍里，填入上述有机垫料，再将仔猪放入猪舍。猪从小到大都生活在这种有机垫料上面，猪的排泄物被有机垫料里的微生物迅速降解、消化，所产生的部分菌体蛋白被猪食用，不需要对猪的排泄物进行人工清理，达到零排放、无污染，生产优质猪肉，达到提高养猪经济效益、生态效益、社会效益的目的

备注

第28天

◷ 时间记录	____年____月____日
☼ 天气记录	室外温度________℃ 湿　　度________% 室内温度________℃ 湿　　度________%

日操作安排		
	5：30	喂料前准备
	6：00	饲喂，观察采食情况
	9：00	清粪，打扫圈舍，冲洗粪沟，注意通风换气，排除舍内污浊空气，观察猪群排粪情况
	10：00	检查猪的健康状况，治疗病猪
	13：00	饲喂，观察采食情况
	16：00	清粪，打扫圈舍，冲洗粪沟，观察猪群排粪情况
	20：00	饲喂，观察采食情况
	20：30	巡视猪群

日程管理篇 温馨小贴士

第28天

育肥猪饲养期

难点提示

◆ **生态养猪**

受到资金及传统观念的束缚，适度规模养猪户在猪舍及配套设施建设方面的投资一般较少，常出现猪舍面积小、结构简陋甚至不合理等问题，猪舍内卫生条件差、温度不适、空气流通不好，这不但不利于猪只的正常生长发育，同时为疾病的暴发和传播留下隐患；而配套设施的不完善，造成养殖污水和排泄物严重影响环境水源和土壤；猪场与人的居住、生活环境共处一处还造成许多人畜共患病的发生和流行。

实施生态养猪有两种模式：解决养猪生产中的污染和圈舍问题，实施沼气化、放牧饲养；采用猪—沼—鱼—果菜的循环经济模式

备注

一周总结

第29天

◷ 时间记录	____年____月____日
☼ 天气记录	室外温度________℃ 湿　　度________% 室内温度________℃ 湿　　度________%

日操作安排	时间	内容
	5：30	喂料前准备
	6：00	饲喂，观察采食情况
	8：00	领取一周的饲料，挑选出栏
	9：00	清粪，打扫圈舍，冲洗粪沟，注意通风换气，排除舍内污浊空气，观察猪群排粪情况
	10：00	检查猪的健康状况，治疗病猪
	13：00	饲喂，观察采食情况
	16：00	清粪，打扫圈舍，冲洗粪沟，观察猪群排粪情况
	20：00	饲喂，观察采食情况
	20：30	巡视猪群

日程管理篇 温馨小贴士

第29天 育肥猪饲养期

知识窗

◆ **适时出栏**

肉猪养到多大活重出栏是现代养猪生产中的一个主要问题，因为这直接关系到猪肉产品的数量和质量，关系到饲养场和养猪户的经济收益。育肥猪适宜出栏时间确定，一要考虑猪的胴体品质，二要适应消费者要求，三要考虑经济效益。猪的体重越大，增重成分的脂肪比例越高，胴体瘦肉率随之下降，每单位增重所消耗的饲料随之增加，从而增加养猪成本，降低养猪效益；但体重过小，屠宰率低，产肉量少，脂肪少，水分多，肉质欠佳，每单位体重负担母猪成本增大，从而降低养猪效益。地方猪种中早熟、矮小的猪及其杂种猪适宜出栏体重为70～75千克；我国地方猪种为母本、国外瘦肉型品种为父本的二元杂种猪适宜出栏体重为85～90千克；瘦肉型品种的三元杂种猪适宜出栏体重为90～110千克

备注

挑选出栏

育肥猪饲养期

第30天

时间记录	____年____月____日
天气记录	室外温度________℃ 湿　　度________% 室内温度________℃ 湿　　度________%

日操作安排

5：30	喂料前准备
6：00	饲喂，观察采食情况
8：00	更换场门口、生产区入口及猪舍门口的消毒液
9：00	清粪，打扫圈舍，冲洗粪沟，注意通风换气，排除舍内污浊空气，观察猪群排粪情况
10：00	检查猪的健康状况，治疗病猪
13：00	饲喂，观察采食情况
16：00	清粪，打扫圈舍，冲洗粪沟，观察猪群排粪情况
20：00	饲喂，观察采食情况
20：30	巡视猪群

日程管理篇　温馨小贴士

第30天

育肥猪饲养期

知识窗

◆ 肉猪出栏注意事项

肉猪出栏一般选在早上，天气凉爽，猪空腹。肉猪出栏时，运输车辆应停在场外，通过装猪台装猪。严禁鞭打、急赶、过度拥挤、高温等强烈有害刺激。许多养猪户为了增加出栏体重，在出售前给猪喂食，这一做法严重损害了肉猪购买者、屠宰户和消费者的合法权益，是一种极其错误的不道德行为。正确的措施是在出栏屠宰前让猪停食12小时以上，保持自由饮水，促使肉猪消化道内的内容物及时排出。这样屠宰生产的猪肉品质更好，猪肉的系水力更高

备注

第31天

⏲ 时间记录	______年____月____日
☼ 天气记录	室外温度________℃ 湿　　度________% 室内温度________℃ 湿　　度________%

日操作安排

5：30	喂料前准备
6：00	饲喂，观察采食情况
9：00	清粪，打扫圈舍，冲洗粪沟，注意通风换气，排除舍内污浊空气，观察猪群排粪情况
10：00	检查猪的健康状况，治疗病猪
13：00	饲喂，观察采食情况
16：00	清粪，打扫圈舍，冲洗粪沟，观察猪群排粪情况
20：00	饲喂，观察采食情况
20：30	巡视猪群

知识窗

◆ **影响肉猪价格的主要因素**

影响猪肉价格的主要因素有猪肉需求、饲料价格、生猪供应量、相关畜产品如鸡蛋、牛羊肉价格。生产中常见问题有：

农民盲目扩大养猪数量：猪粮比价一直保持在5∶1以上，养猪比种粮食更合算。生猪价格高价位运行，农民手里有许多余粮，都希望通过养猪把余粮转化为看得见的现金，盲目扩大养猪数量，会出现生猪销售难。

居民的肉食消费结构发生变化：居民肉食结构出现多元化，加之生猪产量不断增加，将导致生猪市场供大于求。

流通不畅：许多散养农户不能及时获得市场信息，对市场反应不灵敏，造成生猪生产与销售在地区分布上不均衡。

生猪品质不高：优良猪种少，生猪品种改良慢，不适应市场需求，外销受阻，也不同程度地导致价格下跌

备注

育肥猪饲养期

第32天

时间记录	______年____月____日
天气记录	室外温度________℃ 湿　　度________% 室内温度________℃ 湿　　度________%

日操作安排

5：30	喂料前准备
6：00	饲喂，观察采食情况
9：00	清粪，打扫圈舍，冲洗粪沟，注意通风换气，排除舍内污浊空气，观察猪群排粪情况
10：00	检查猪的健康状况，治疗病猪
13：00	饲喂，观察采食情况
16：00	清粪，打扫圈舍，冲洗粪沟，观察猪群排粪情况
20：00	饲喂，观察采食情况
20：30	巡视猪群

日程管理篇 温馨小贴士

第32天

育肥猪饲养期

知识窗

◆ **猪肉价格的季节性变化**

受我国经济发展水平的影响，占据我国人口大多数的农民主要在传统节日消费占据肉类主导地位的猪肉，我国城镇居民在炎热的夏季消费也急剧下降，导致我国特有的肉猪市场季节性变化，正常的肉猪季节性变化规律表现为：

清明节过后猪肉价格逐渐下降，到 8 月份降至年度低谷；国庆、中秋节前后猪肉价开始上涨，高价位保持到春节过后。

养猪者可以在适当时间内根据这一规律调整肉猪生产与出栏计划，提高单位养猪效益

备注

第33天

时间记录	____年____月____日
天气记录	室外温度________℃ 湿　　度________% 室内温度________℃ 湿　　度________%

日操作安排		
	5：30	喂料前准备
	6：00	饲喂，观察采食情况
	8：00	更换场门口、生产区入口及猪舍门口的消毒液
	9：00	清粪，打扫圈舍，冲洗粪沟，注意通风换气，排除舍内污浊空气，观察猪群排粪情况
	10：00	检查猪的健康状况，治疗病猪
	13：00	饲喂，观察采食情况
	14：00	0.03%百毒灭带猪消毒
	16：00	清粪，打扫圈舍，冲洗粪沟，观察猪群排粪情况
	20：00	饲喂，观察采食情况
	20：30	巡视猪群

知识窗

◆ **养猪经济核算的意义（一）**

①通过产品成本核算，明确产品成本构成项目，提高加强财务管理的针对性。在产品核算的过程及结果中可以明确地看到产品成本构成的项目。进行细致而严格的猪产品成本核算，必然会加强猪场的财务管理，减少财务漏洞，从而降低产品生产成本，提高猪场经济效益。②通过产品成本核算，明确了产品的总成本及单位成本。产品核算的结果指示每生产一单位的产品需用多少资金，那么养殖者就可以根据产品市场售价随时了解猪场的盈亏状态。这将有利于决策者根据市场价格随时调节生产过程，以利于提高经济效益。③通过产品成本核算，了解产品总成本中各项成本的比例。了解这个比例有利于决策者对现实的成本构成做出正确的评价，在发现问题的同时找到机遇。提高固定资产利用率，降低固定成本的比例始终是追求经济效益的有效方法之一

备注

第34天

时间记录	____年____月____日
天气记录	室外温度________℃ 湿　　度________% 室内温度________℃ 湿　　度________%

日操作安排

5：30	喂料前准备
6：00	饲喂，观察采食情况
9：00	清粪，打扫圈舍，冲洗粪沟，注意通风换气，排除舍内污浊空气，观察猪群排粪情况
10：00	检查猪的健康状况，治疗病猪
13：00	饲喂，观察采食情况
16：00	清粪，打扫圈舍，冲洗粪沟，观察猪群排粪情况
20：00	饲喂，观察采食情况
20：30	巡视猪群

知识窗

◆ **养猪经济核算的意义（二）**

④进行全面的成本核算有利于对猪场实行全面的计划管理。当通过成本核算得到某一猪场在其具体环境中单位产品的赢利额时，养殖者就可以根据该猪场的平均固定成本数额确定盈亏点。如果猪场的固定资产投资大并且负债信贷资金，就必然加大猪场的固定成本总额及其在总成本中的比例，从而必然提高盈亏平衡点时的产品数量，即商品猪的头数。其结果是增大猪场经营风险，相对降低效益。

综上所述，加强猪场成本核算，并对核算的结果进行细致的分析是提高猪场经济效益最重要的途径之一。对猪场进行成本核算和成本管理，学会对核算的结果进行科学分析，并适时做出正确决策是未来猪场进一步提高市场竞争能力的重要措施

备注

育肥猪饲养期

第35天

时间记录	____年____月____日
天气记录	室外温度________℃ 湿　　度________% 室内温度________℃ 湿　　度________%

日操作安排		
	5：30	喂料前准备
	6：00	饲喂，观察采食情况
	9：00	清粪，打扫圈舍，冲洗粪沟，注意通风换气，排除舍内污浊空气，观察猪群排粪情况
	10：00	检查猪的健康状况，治疗病猪
	13：00	饲喂，观察采食情况
	16：00	清粪，打扫圈舍，冲洗粪沟，观察猪群排粪情况
	20：00	饲喂，观察采食情况
	20：30	巡视猪群

知识窗

◆ **成本核算程序**

1. 对所发生的费用进行审核和控制，确定这些费用是否符合规定的开支范围，并在此基础上确定应计入产品成本的费用和应计入期间费用的费用。

2. 进行主副产品的分离，计算并结转各猪群本期增重成本。

3. 根据“猪群变动月报表”和“幼猪及育肥猪”明细账目资料，从低龄到高龄，逐群计算结转转群、销售、期末存栏的活重成本。

4. 根据“猪群变动月报表”及有关资料，编制“猪群变动成本计算表”。

5. 根据“猪群变动成本计算表”和“生产成本”明细账目，编制“猪群饲养成本表”

备注

一周总结

第36天

⏱ 时间记录	____年____月____日
☼ 天气记录	室外温度______℃ 湿　　度______% 室内温度______℃ 湿　　度______%

日操作安排	时间	内容
	5：30	喂料前准备
	6：00	饲喂，观察采食情况
	8：00	领取一周的饲料
	9：00	清粪，打扫圈舍，冲洗粪沟，注意通风换气，排除舍内污浊空气，观察猪群排粪情况
	10：00	检查猪的健康状况，治疗病猪
	13：00	饲喂，观察采食情况
	16：00	清粪，打扫圈舍，冲洗粪沟，观察猪群排粪情况
	20：00	饲喂，观察采食情况
	20：30	巡视猪群

日程管理篇 温馨小贴士

第36天

育肥猪饲养期

知识窗

◆ **成本利润率的科学利用**

成本利润率是反映生产单位成本的利润所得，是评价猪场效益的可靠依据，在正常养猪生产中是猪场效益的唯一评价指标。但是，在考虑生猪价格市场的特殊性后，不难发现有时并不切合实际需要。比如，在猪价上涨与猪价波动阶段，推迟出栏降低了猪的成本利润率，却可以提高个体的绝对利润，对猪场整体效益不一定会产生负面效应。因此，灵活运用效益评价指标指导养猪生产是十分必要的

备注

本周重点：准备出栏

育肥猪饲养期

第37天

⏲ 时间记录	____年____月____日
☼ 天气记录	室外温度______℃ 湿　　度______% 室内温度______℃ 湿　　度______%

日操作安排		
	5：30	喂料前准备
	6：00	饲喂，观察采食情况
	8：00	更换场门口、生产区入口及猪舍门口的消毒液
	9：00	清粪，打扫圈舍，冲洗粪沟，注意通风换气，排除舍内污浊空气，观察猪群排粪情况
	10：00	检查猪的健康状况，治疗病猪
	13：00	饲喂，观察采食情况
	16：00	清粪，打扫圈舍，冲洗粪沟，观察猪群排粪情况
	20：00	饲喂，观察采食情况
	20：30	巡视猪群

知识窗

◆ **养猪效益的评定**

养猪效益的高低要看整个猪场的整体效益，由猪的个体效益与出栏数决定。不同品种饲养要求的条件不一样，产生的生产成本与死亡损失也就不同；不同市场时期，养猪的利润率不同，采取不同的利润评判标准，对猪场的整体利润影响也就不一样。因此，在猪场经济效益的综合评定中必须树立科学的效益观，灵活运用，以适应变化无常的市场需求。猪场效益的计算公式为：猪场效益＝（一批猪的出售头数×每头猪的净利润）×年出栏批次－全年肉猪死亡损失

猪场经营好坏的评判依据：衡量猪饲养效果的好坏，需要有一个比较的标准，这个标准可以是本场的也可以是行业的

备注

育肥猪饲养期

第38天

⏲ 时间记录	____年____月____日
☼ 天气记录	室外温度________℃ 湿　　度________% 室内温度________℃ 湿　　度________%

日操作安排	时间	内容
	5：30	喂料前准备
	6：00	饲喂，观察采食情况
	9：00	清粪，打扫圈舍，冲洗粪沟，注意通风换气，排除舍内污浊空气，观察猪群排粪情况
	10：00	检查猪的健康状况，治疗病猪
	13：00	饲喂，观察采食情况
	16：00	清粪，打扫圈舍，冲洗粪沟，观察猪群排粪情况
	20：00	饲喂，观察采食情况
	20：30	巡视猪群

知识窗

◆ **保本分析技术**

保本分析是研究成本、业务量和利润关系的一种技术经济分析方法。成本包括固定成本和变动成本；业务量指猪场的生产量或销售量（也可用销售额来表示）；利润指猪场的税前利润。保本分析法不仅用于确定猪场的最小饲养规模，也可用于猪场的经营效果分析。

对养猪场来说，产品成本是指为生产或销售商品猪（包括种猪和肉猪）而支付的一切费用的总和，包括饲料费（玉米饲料费、其他饲料费等）、直接工资、其他直接费用（包括燃料动力费、畜禽医药费、折旧费、修理费等）、制造费、转群（盘存）差价、财务费用、管理费用等。其中，饲料费和畜禽医药费随生产量的变化而变化，为变动成本；而其他各项费用均为固定成本。业务量是指生产商品猪数或总增重。由于养猪业不纳税，利润无税前税后之区别

备注

第39天

时间记录	____年____月____日
天气记录	室外温度________℃ 湿　　度________% 室内温度________℃ 湿　　度________%

日操作安排

5：30	喂料前准备
6：00	饲喂，观察采食情况
9：00	清粪，打扫圈舍，冲洗粪沟，注意通风换气，排除舍内污浊空气，观察猪群排粪情况
10：00	检查猪的健康状况，治疗病猪
13：00	饲喂，观察采食情况
16：00	清粪，打扫圈舍，冲洗粪沟，观察猪群排粪情况
20：00	饲喂，观察采食情况
20：30	巡视猪群

知识窗

◆ **保本分析技术计算公式**

假设 W 为每千克活猪价格，S 为销售收入，X 为出售商品猪总重，则：

$$S=WX$$

设利润为 P，总成本为 C，变动成本为 V，固定成本为 F，每千克活猪固定成本为 C_v，每千克活猪变动成本为 C_f，则销售收入、产量、成本间的关系为：

$$P=S-C=S-F-V=S-C_fX-C_vX$$

备注

育肥猪饲养期

第40天

⏲ 时间记录	_____年____月____日
☼ 天气记录	室外温度________℃ 湿　　度________% 室内温度________℃ 湿　　度________%

日操作安排		
	5：30	喂料前准备
	6：00	饲喂，观察采食情况
	8：00	更换场门口、生产区入口及猪舍门口的消毒液
	9：00	清粪，打扫圈舍，冲洗粪沟，注意通风换气，排除舍内污浊空气，观察猪群排粪情况
	10：00	检查猪的健康状况，治疗病猪
	13：00	饲喂，观察采食情况
	14：00	0.03%百毒灭带猪消毒
	16：00	清粪，打扫圈舍，冲洗粪沟，观察猪群排粪情况
	20：00	饲喂，观察采食情况
	20：30	巡视猪群

知识窗

◆ **提高猪场盈利的主要途径**

提高猪场的盈利，主要从市场竞争、挖掘内部潜力、加强流通管理及深加工增值等四个方面入手探索途径。

（1）在市场调查和预测的基础上，进行正确、合理的决策，为企业制订长期战略目标，使企业有明确的发展方向，减少生产的盲目性。

（2）重视科学技术，应用先进生产工艺，提高企业的设备水平和劳动生产率。

（3）提高职工的业务素质，提高劳动生产效率。

（4）提高产品的产量和质量。

（5）严格控制各项费用支出，努力降低各种消耗，不断降低生产成本，以促进猪场经济效益的不断提高。

（6）在流通领域中，减少中间环节、降低销售费用。

（7）发展产品加工业，进行产品的深加工，提高产品附加值

备注

育肥猪饲养期

第41天

① 时间记录	____年____月____日
☼ 天气记录	室外温度______℃ 湿　　度______% 室内温度______℃ 湿　　度______%

日操作安排		
	5：30	喂料前准备
	6：00	饲喂，观察采食情况
	9：00	清粪，打扫圈舍，冲洗粪沟，注意通风换气，排除舍内污浊空气，观察猪群排粪情况
	10：00	检查猪的健康状况，治疗病猪
	13：00	饲喂，观察采食情况
	16：00	清粪，打扫圈舍，冲洗粪沟，观察猪群排粪情况
	20：00	饲喂，观察采食情况
	20：30	巡视猪群

知识窗

◆ **生产效果分析**

1. 常用评价指标 料重比、100千克出栏日龄、投资利润率。

2. 100千克出栏日期的校正

100千克体重日龄：经称重记录日龄，并按公式校正成达100千克体重的日龄。

校正日龄＝测定日龄－（实测体重－100）/CF

CF＝(实测体重/测定日龄)×1.826040（公猪）

＝(实测体重/测定日龄)×1.714615（母猪）

3. 寻找原因 农村规模猪场效益低的主要原因有饲养技术不到位，品种混杂，圈舍不合理导致的死亡与浪费，防疫不规范导致传染病暴发，滥用药物导致兽药开支增加，消毒不规范导致传染病带入，仔猪饲养差、僵猪增多、出栏不整齐

备注

育肥猪饲养期

第42天

时间记录	____年____月____日
天气记录	室外温度____℃ 湿　　度____% 室内温度____℃ 湿　　度____%

日操作安排		
	5：30	喂料前准备
	6：00	饲喂，观察采食情况
	9：00	清粪，打扫圈舍，冲洗粪沟，注意通风换气，排除舍内污浊空气，观察猪群排粪情况
	10：00	检查猪的健康状况，治疗病猪
	13：00	饲喂，观察采食情况
	16：00	清粪，打扫圈舍，冲洗粪沟，观察猪群排粪情况
	20：00	饲喂，观察采食情况
	20：30	巡视猪群

日程管理篇 温馨小贴士

第41天

育肥猪饲养期

知识窗

◆ **制订下期生产计划**

根据本期饲养效果，提出下期整改重点，根据下图流程制订相关生产计划。

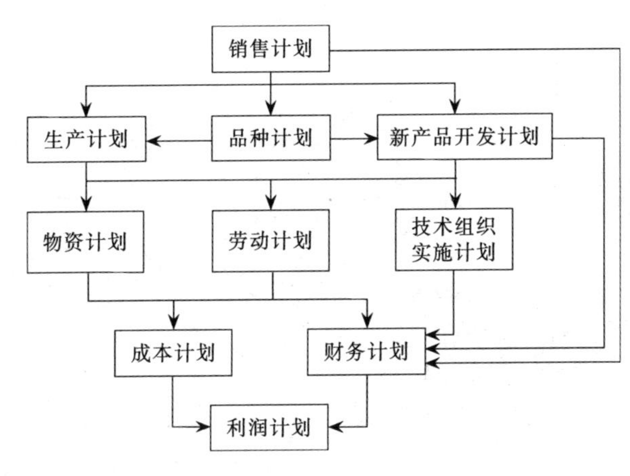

备注

应急技巧篇

SHENGZHANG YUFEIZHU RICHENG GUANLI JI YINGJI JIQIAO

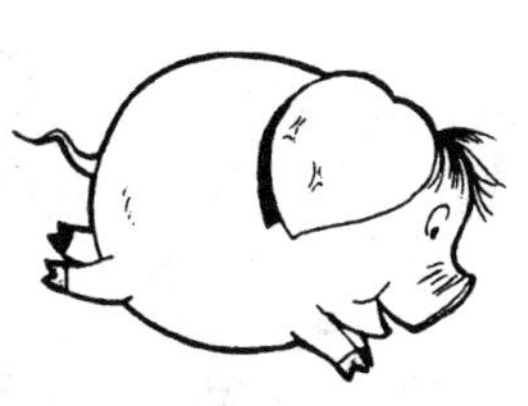

一、烈性传染病发生时的应急处理

1. 当相邻或相近猪场发生传染性疾病时，在明确疾病的情况下及时进行疫苗强化免疫，一般使用正常推荐剂量的 2 倍量（半月内已免疫的除外）。

2. 每天彻底清理各种污物后进行喷雾消毒。

3. 发现疑难病猪及时隔离，实行专人饲养观察；饲养人员不得在猪舍间往来，要严格消毒，防止疾病传播。

4. 杜绝外来人员进出，防止疾病带入。

5. 购进饲料时，要对运送车辆轮胎进行冲洗消毒，有条件的要进行饲料消毒。

6. 发现烈性口蹄疫、猪水疱病、猪瘟、非洲猪瘟等国家规定的一类烈性传染疾病时，及时焚烧病死猪只及同圈饲养的猪只。

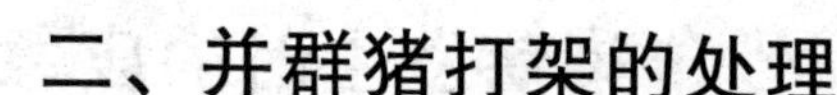

二、并群猪打架的处理

猪并群是养猪生产中的一项基本饲养技术，是提高猪只均匀度与圈栏使用效率的必要环节。由于猪群体位次明显，来自不同圈栏的猪只饲养在同一圈栏中必然要经过一个猪只之间的打斗过程。这个过程处理不好就会造成严重的不良后果，有时会使弱猪变得更弱，达不到预期的效果。为了降低并群猪的打架问题，需要采取以下措施：

1. 时间选择 并群与转群一般选择在傍晚进行，因为猪的视力较差，傍晚并群后经过一夜的适应，可降低打斗的程度。

2. 使用酒精 实践表明，在猪混群时，对混群猪喷洒酒精或饮用白酒可混淆猪只之间的气味，降低猪只的打斗程度。

3. 重新调整 鉴于猪只打斗是不可避免的，打斗又会对养猪生产造成很大的损失，人们习惯将挑出的猪只进行混群，而不是将挑出的猪放入另一群猪中。如果新组建的猪群中，确有个别猪只遭受群攻现象，需要将其赶出，单圈饲养。

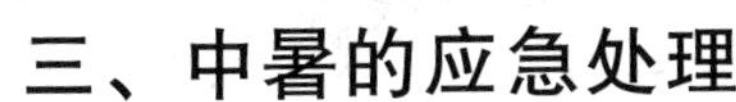

三、中暑的应急处理

猪汗腺不发达，夏季环境温度较高，在圈舍通风不畅、高温高湿的环境下极易引起猪中暑。

1. 症状 发病突然，病情急剧、四肢无力、步行不稳、心跳和呼吸加快，皮肤发烫。有的表现兴奋，甚至狂暴，也有的呈昏迷状态，严重的倒地痉挛、流涎，很快死亡。

2. 应急处理

（1）立即将病猪置于阴凉通风处，用冷水浇其胸部、头部或全身，剪耳剪尾放血。同时灌服 10～20 毫升十滴水或藿香正气水。

（2）如猪呈昏迷状态，可用风油精、生姜叶或大蒜汁滴鼻，促使其苏醒。严重的可肌内注射 10%樟脑磺酸钠 2～10 毫升，或 10%安钠咖 2～10 毫升，静脉注射 5%葡萄糖氯化钠溶液 100～1 000毫升。

（3）给予大量青绿多汁饲料，如冬瓜、西瓜、南瓜、青菜等，有助于病的恢复。如配合针灸天门、尾尖、百会、山根、涌泉等穴位效果更好。

（4）如病情好转而食欲不振时，可给予健胃散、人工盐、野菊花、山楂、鸡内金、荷叶、苦瓜、决明子等。

3. 预防

（1）猪舍要配套通风降温设备。

（2）减少猪舍内猪只的饲养密度。猪舍前后最好植树，尽量做到猪舍内通风凉爽。

（3）实施降温办法。在平均气温达28℃以上时，中午要用温度适宜的水喷洒猪舍地面或猪体，帮助猪体散发热量。有条件的最好在圈内设浴池，让猪自由洗澡散热，或者用送风扇、水温空调、湿帘等设备降温排湿。

（4）勤喂降温防暑药。可用白扁豆、香薷、薄荷、荷叶、绿豆、扁蓄等煎水内服。

（5）改善饲养管理，适当多喂青绿多汁饲料，供给充足、干净、温度适宜的饮水。

四、肠便秘的应急处理

猪肠便秘是由于肠内容物停滞、水分被吸收而干燥，造成某段或某几段肠腔阻塞的一种腹痛性疾病。各种年龄的猪都可发生，而小猪多发，便秘部位常在结肠。

原发性便秘，多见于饲喂干硬不易消化的饲料和含粗纤维过多的饲料（如坚韧秸秆、干甘薯藤、花生藤等）；饲喂精料过多或饲料中混有杂物，同时饮水不足、运动不足；突然更换饲料、气候骤变，致使肠管机能降低。

继发性便秘：常见于一些高热性疾病（如猪瘟、感冒、猪丹毒、猪肺疫等）和某些肠道寄生虫，消化不良时的异食癖，疾病导致的肠粘连等，长期抗菌素的作用。

1. 症状 发病猪相继出现食欲减退，排便减少，体温、脉搏、呼吸均正常。随着病程的延长，个别病猪精神委靡，食欲废绝，排便停止，两后肢频频交替踏地，凹腰，刚站立不久又屈肢呈蹲伏姿势。有时表现不安，常弓腰举尾，努责，表现排粪动作，但无粪便排出。病程较长的猪，手按后腹部有疼痛反应，能在腹侧摸到大肠中充实干涸的粪块。

2. 应急处理

疏通导泻：硫酸钠（硫酸镁）30～50 克，或大黄末 50～100 毫升，或石蜡油 50～100 毫升，加入适量的水内服，并用 2%小苏打水或肥皂水深部灌肠，投药数小时后皮下注射新斯的明2～5毫克可提高效果。

阵痛减压：腹痛明显的应先用镇静剂，常肌内注射20%安乃近3～5毫升或2.5%盐酸氯丙嗪2～4毫升，停药期28天。

补液强心：调整酸碱平衡，缓解自体中毒，维护心脏功能。一般用10%安钠咖2～10毫升或强尔心5～10毫升皮下或肌内注射，10%葡萄糖250～500毫升静脉或腹腔注射，每日2～3次。

3. 预防 对于原发性肠便秘的预防，应从改善饲养管理入手。刚断乳的仔猪，禁用纯米糠饲养，合理搭配饲料，粗料细喂，喂给青绿多汁饲料，每天保证足够饮水和适当的运动。据有人试验，饲料中添加食盐和矿物质、多种维生素可防止便秘的发生。对于继发性肠便秘，应从积极治愈原发病入手，经常查猪群，及早发现、及早治疗，也可以减少继发性肠便秘的发病率。

五、中毒猪的应急处理

毒物的毒理作用和药物的作用是一致的，毒物进入动物机体之后，通过吸收、分布、代谢和排泄，从而损害机体的组织以及生理机能，发生中毒现象。引起动物中毒的原因有自然因素和人为因素两个方面。

（1）有毒植物。在收获的时候一并混入加工饲料中引起猪的中毒，或者误食、采食有毒植物。

（2）无机元素。由于无机元素在土壤或者饮水中浓度过高，被植物吸收再被猪采食引起群发性中毒，成为地方病，如亚硝酸盐中毒等。

（3）工业污染。指工厂的含毒废气、废水与废渣污染局部地区的牧草与水源，如氟及氟化物中毒。

（4）农药污染。如有机氟、有机磷杀虫剂、灭鼠剂等，在杀灭的同时会污染饲草，通过食物链导致猪中毒。

（5）药物使用不当，药物过量，剂量或者浓度过大都会引起中毒。

（6）饲料问题。含有抗营养因子的饲料，或者储存过程中发霉引发猪中毒。

1. 症状

（1）亚硝酸盐中毒。硝酸盐在体外或体内转化形成的亚硝酸盐，入血后使血红蛋白过氧化为高铁血红蛋白而失去载氧能力。临床表现为黏膜发绀、呼吸困难、血液褐变、抽搐痉挛。

（2）霉变饲料中毒。以饲料中黄曲霉毒素引起中毒最常见。猪只采食发霉饲料后引起肝脏损害，特别是仔猪，可在24～72小时内死亡。临床表现为食欲不振、精神差、口渴、异嗜、便血、拱背、腹部蜷曲。可视黏膜黄染，皮肤充血、出血。有时步态强拘。严重的猪只不食，后肢无力，可视黏膜苍白，肛门便血，也出现间歇性抽搐，头顶墙，角弓反张，共济失调，迅速死亡，或拖延2～3天死亡。

（3）急性氟中毒。是由于一次性摄入大量可溶性氟化物引起的，如用氟化钠给猪驱虫用量过大等。临床表现为胆碱能神经兴奋，大量流涎，口吐白沫，病猪兴奋不安，有的流鼻液及泪液，眼结膜高度充血，瞳孔缩小，分泌物增多，不断腹泻、磨牙、肌肉震颤，病情加重时，呼吸困难，四肢软弱行走不便，卧地不起。若不及时抢救，常会发生肺水肿而窒息死亡。

2. 应急处理

（1）催吐或洗胃。催吐一般用于有机磷等农药中毒，可皮下注射催吐剂藜芦碱0.01～0.03克，或口服酒石酸锑钾1～2克。无催吐剂，亦可用木棍、胶管轻触病猪的咽喉黏膜，致其呕吐。

如果毒物已进入猪体4～6小时，就应进行洗胃。氢氰酸中毒，可选用1%的高锰酸钾溶液或3%的双氧水；有机磷农药中毒，可选用1%～5%的碳酸氢钠溶液；磷化锌中毒，可选用1%的硫酸铜溶液。洗胃要反复冲洗，直至洗出的水变清为止。腐蚀性药物中毒不宜洗胃，以免引起胃穿孔。

（2）温肠泻下。若中毒时间超过6小时，则应用深部温水灌肠，可促进毒物排出。用盐类泻剂加适量活性炭，以吸毒排毒。常用的盐类泻剂有芒硝、硫酸镁等。当猪发生食盐中毒时，不能选用盐类泻剂，应灌服大量清水。

（3）解毒剂。若毒物进入血液，以上解毒方法均难奏效，必须使用解毒剂。用于解毒的药物有很多，一般应对症治疗，若不了解毒物的性质，可先采用通用解毒剂，经过确诊后，再对症解毒。通用解毒剂：活性炭 2 份，氧化镁 1 份、鞣酸 1 份，混匀，20～40 克，加水适量灌服，活性炭用于吸收生物碱、汞、砷等有毒金属物质；氧化镁主要吸收酸类毒物，而鞣酸则用于中和碱性毒物。亚硝酸盐中毒可用 1%的美蓝溶液，每千克体重用 1 毫升，肌内或静脉注射；氢氰酸中毒可选用 1%的亚硝酸钠溶液，按每千克体重 1 毫升进行静脉注射；有机磷农药中毒可注射阿托品与解磷定；碱性物质中毒可用稀盐酸或食醋中和解毒；生物碱中毒可用 0.2%的高锰酸钾溶液解毒。

（4）*放血*。如果中毒时间较长、毒物已经大量进入血液，在使用解毒剂的同时，可采用静脉放血的办法解救，每次放血量为 300～400 毫升。另外，采取输液、给予大量饮水等办法，促使排尿和出汗，亦可缓解中毒症状。

3. 预防

（1）健全防病防毒制度，并有专人负责督促检查。

（2）严格遵守有关毒物的保管和使用规定。

（3）坚持遵守饲料加工配制的操作规定，严禁用染毒、变霉的饲料饲喂动物。

（4）坚持工业三废排放规则，实行污染物的总量控制，全方面统筹兼顾。

（5）坚持养殖场所有的卫生标准。

（6）注意自然物中的毒物，确切掌握中毒疾病的发生、发展动态以及规律，以便制订切实有效的防治方案并贯彻执行。

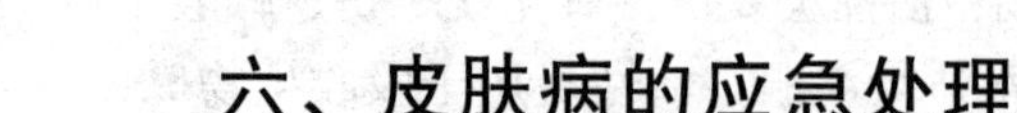

六、皮肤病的应急处理

我国的养猪业经过几十年的发展，规模化、集约化程度越来越高，随着国外新品种的引进，流通渠道的拓宽，饲养密度的增大，为皮肤性疾病的流行创造了客观条件，皮肤病也越来越成为养猪业发展的一大障碍。皮肤病的病因十分复杂，其损害原因主要有，传染病损害（如猪瘟、猪丹毒、放线杆菌病、坏死杆菌病等），寄生虫性损害（皮肤疥螨、吸血昆虫叮咬），变态反应性损害（猪湿疹、荨麻疹、饲料疹、药物疹等）、炎症性损害（皮炎、渗出性表皮炎等）、神经性损害（皮肤瘙痒病等）、增殖性损害（如厚皮病、角化症、皮肤性肿瘤等）。

（一）猪皮肤真菌病

猪皮肤真菌病又称皮肤霉菌病、表面真菌病、小孢子菌病等，俗称钱癣、脱毛癣、秃毛癣等。是由多种皮肤致病真菌所引起的猪的皮肤病的总称。该病不分品种、年龄、性别，也无季节性，但以秋、冬季多见，阴冷潮湿且卫生不良的环境更有利于本病的发生和传播。

1. 症状 头、颈、肩等部皮肤有斑块状充血、水肿、脱毛、丘疹、水疱、结节、结痂、鳞屑或溃烂等，部分有渗出液或化脓。病猪表现局部奇痒。本病一般不引起内脏器官的病理变化。

2. 防治 患部先剪毛，再用温肥皂水洗净痂皮，涂擦10%水杨酸酒精或油膏或5%～10%硫酸铜溶液，每天或隔天涂敷，直至痊愈。也可用克霉唑癣药水、制霉菌素等外用。

（二）猪疥螨病

又叫疥癣，俗称癞，是由疥螨寄生于猪皮内引起的严重慢性接触性皮肤病。特征是剧痒、皮炎、脱毛、结痂、渐进性消瘦。各种年龄的猪均可感染，但以断奶后至5月龄时的猪最易感；光照不足、阴暗、潮湿、寒冷时多发。本病主要是由于病猪与健康猪直接接触，或与被螨及其卵污染的圈舍、垫草和饲养用具间接接触等引发感染。幼猪有挤压成堆躺窝的习惯，这是造成本病传播迅速的主要原因。

1. 症状 猪疥螨常发生在头部，特别是围绕着眼部和耳部，以后逐渐蔓延至背部、腹下、四肢。病初患部可出现剧痒，患猪常在石头、墙角、栏杆等处蹭痒或摩擦。患部皮屑或被毛脱落，皮肤潮红，约经过7天，患部皮肤出现针头大小的红色丘疹，并形成脓疱。脓疱因摩擦而导致破溃结痂，久之皮肤干燥、龟裂，严重的可导致食欲不振，发育不良，逐渐性消瘦。

2. 防治

（1）搞好猪舍卫生工作，保持清洁、干燥、通风。进猪时应隔离观察，防止引进病猪。

（2）发现病猪立即隔离治疗。在治疗的同时，应用杀螨药彻底消毒猪舍和用具，将治疗后的病猪安置到已消毒过的猪舍内饲养。为了使药物能充分接触虫体，最好用肥皂水或来苏儿水彻底洗刷患部，在清除硬痂和污物后再搽药。

（3）治疗螨病的药物和处方如下：阿维菌素（虫克星）或伊维菌素（害获灭），每千克体重0.3毫克，一次皮下注射；或2%～5%敌百虫水溶液涂擦或喷淋，7～10天重复一次；或0.5%螨净（嘧啶基硫代磷酸盐）乳剂涂擦，7天重复一次；或烟叶或烟梗煎水洗；0.05%的溴氧菊酯溶液涂搽患部，间隔 10 天再重复 1 次。

（三）锌缺乏症

锌缺乏时，含锌酶的活性降低，部分氨基酸（蛋氨酸、胱氨酸和赖氨酸）的代谢扰乱 DNA、RNA 合成，从而导致一系列病理变化。

症状：皮肤角化不全或角化过度。猪的皮肤角化不全多发生于眼、口周围以及阴囊与下肢部位，也有的呈皮炎（缺锌性皮炎）和湿疹样病变，且皮肤瘙痒、脱毛。同时，猪出现生长发育迟缓、骨髓发育异常、骨短粗、繁殖机能障碍等症状。

防治：消除妨碍锌吸收、利用的因素，调整饲料日粮配方，适当补给锌盐，以提高机体中的锌水平。

（四）湿疹

湿疹是由表皮和真皮上皮（乳头层）上的致敏物质引起的一种过敏性炎症反应。其特点是患部皮肤发生红斑、丘疹、水疱、脓疱、糜烂、结痂及鳞屑等皮损，并伴有热、痛、痒症状，各种家畜皆能发生，一般多发生在春、夏季节。

1. 症状 在临床上，该病一般可按病程和皮损表现分为急性、慢性两种。

急性湿疹按病性及经过不同分为以下几期：

红斑期：病初由于患部充血，在无色素皮肤上可见大小不一的红斑，并有轻微肿胀，指压时褪色，称为红斑性湿疹。

丘疹期：若炎症进一步发展，皮肤乳头层被血管渗出的浆液浸润，形成界限分明的粟粒或豌豆大小的隆起，触诊坚硬，称为丘疹性湿疹。

水疱期：当丘疹炎症的炎性渗出物增多时，皮肤角质层分离，在表皮下形成透明浆液性水疱，称为水疱性湿疹。

脓疱期：在水疱期有化脓感染时，水疱变成小脓疱，称为脓疱性湿疹。

糜烂期：小脓疱或小水疱破裂后，露出鲜红色糜烂面，并有脓性渗出物，创面湿润，称为糜烂性湿疹或湿润性湿疹。

结痂期：糜烂面上的渗出物凝固干燥后，形成黄色或褐色痂皮，称为结痂性湿疹。

鳞屑期：急性湿疹末期痂皮脱落，新生上皮增生角化并脱落，呈糠秕状，称为鳞屑性湿疹。

急性湿疹有时某一期占优势，而其他各期不明显，甚至某一期停止发展，病变部结痂、脱屑后痊愈。

慢性湿疹病程与急性大致相同，其特点是病程较长，易于复发。病期界限不明显，渗出物少，患部皮肤干燥增厚。

2. 防治 经常清扫猪圈，保持舍内清洁干燥，防止圈内漏雨，墙壁湿度大的还可撒一些石灰除湿，以防预湿疹的发生。

治疗原则是除去病因、脱敏、消炎；禁用强刺激性药物，避免不良因素的刺激，并注意对原发病进行治疗。应保持皮肤清洁、干燥；圈舍要通风良好，患猪应适当运动，并给予一定时间的日光浴；防止刺激性药物刺激，饲喂富有营养而易消化的饲料。一旦发病，应及时进行合理治疗。

在用药前，应清除皮肤的污垢、汗液、痂皮、分泌物等。为此，可用温水或收敛、消毒溶液（如3%硼酸溶液）洗涤。

用消毒溶液洗涤患部，然后涂布3%～5%龙胆紫液，5%美蓝溶液或2%硝酸银溶液，或撒布氧化锌滑石粉（1∶1），碘仿鞣酸粉（1∶9）等，以防腐、收敛和制止渗出。随着渗出物的减少，可涂布氧化锌软膏或水杨酸氧化锌软膏（氧化锌软膏100克、水杨酸4克）等。

炎症取慢性经过时，涂布可的松软膏或碘仿鞣酸软膏（碘仿10克、鞣酸5克、凡士林100克）。此外，全身治疗可应用10%

氯化钙溶液静脉注射 20～50 毫升，隔天注射 1 次，连续应用。还可采用输血疗法，同时内服或静脉注射维生素 B_1、维生素 C，久治无效者，可用红外线、紫外线照射。

患猪出现剧痒不安时，可使用 1%～2%石炭酸酒精涂搽。

七、猪异食癖的应急处理

猪异食表现为患猪到处舔食、啃咬通常认为无营养价值而不应该采食的东西。是由于代谢机能紊乱、味觉异常和管理不善引起的综合性疾病的表现，是许多疾病的一种临床症状，以仔猪和母猪易发。

病因一：饲养管理不完善。①猪生理特性。②并窝不合理，体重差异较大。③饲养密度大，通风不良，干燥或潮湿。④饲喂不够，饮水不足。⑤体内外寄生虫、腹泻等疾病。⑥长期添加药物。

病因二：营养不完善。①矿物质缺乏（铁、铜、锰、钴、钙、磷、镁、钠），尤其是钠（饲料单一，食盐不足，体内的多种酶活性降低，影响正常的代谢）。②蛋白质、氨基酸缺乏或质量不好。③某些维生素缺乏，尤其是维生素 A 和 B 族。

1. 症状 异食癖多以消化不良开始，随后出现味觉异常和异食。咬耳、咬尾、咬肋、吸吮肚脐、食粪、拱地、闹圈、跳栏等症状，母猪有食胎衣、仔猪等情况。

2. 应急处理 首先查找病因，对症治疗。隔离，喷洒白酒于猪体、猪舍。饲料中添加止咬灵（朱砂和茯苓）。猪舍中悬挂目标转移物。咬伤面积大时要消毒、涂擦药物抗菌消炎。

八、病猪处理

猪场发病是养猪生产的第一大敌，但猪只生病又是不可避免的。一旦发现有猪突然死亡、停食、采食量突然减少等现象，必须对猪群发病情况进行分析并对病猪作出恰当处理。

1. 分析猪病类别。猪病一般分为传染病、普通病两大类。如果猪发病是散发、只是个别猪只生病，一般是普通病；如果发病猪只较多，发病急，病情重，通常是传染病。

2. 发生传染病的猪要及时隔离饲养，专人看管，搞好消毒，死亡猪只要深埋或焚烧。

3. 发病猪只用一般抗生素治疗有效果时，这种病通常为细菌性传染病。经过消炎杀菌治疗一般可以控制疾病。

4. 对用抗生素治疗无效的猪病，近年来一般为病毒性疾病与附红细胞体病（一种血液寄生虫病），要对症治疗，及时进行强化免疫或用高免血清治疗。

5. 对于散发性的猪病也必须给予高度重视，否则，这些猪会引发传染病的出现。发生普通病的猪要根据发病原因进行系统分析，经过系统治疗可以及时达到良好的治疗效果。

用药篇

SHENGZHANG YUFEIZHU RICHENG GUANLI JI YINGJI JIQIAO

一、生猪饲养兽药使用准则

（一）常用兽药

生猪兽药是指用于预防、治疗和诊断疾病，有目的地调节猪生理机能并严格规定有作用、用途、用法、用量的物质。其种类如下：

1. 抗菌药 能够抑制或杀灭病菌的药物，包括中药、中成药、化学药品、抗生素及其制品。

2. 抗寄生虫药 能够杀灭或驱除体内、外寄生虫的药物，包括中药、中成药、化学药品、抗生素及其制品。

3. 疫苗 由特定细菌、病毒、立克次氏体、螺旋体、支原体等微生物或其产物制成的主动免疫制品。

4. 消毒防腐药 用于杀灭环境中的病原微生物、防止疾病发生和传染的药物。

（二）兽药使用准则

生猪疾病以防为主，应严格按《中华人民共和国动物防疫法》的规定防止生猪发病死亡。必要时进行预防。预防、治疗和诊断疾病所使用的兽药必须遵守《无公害食品　生猪饲养兽药使用准则》。

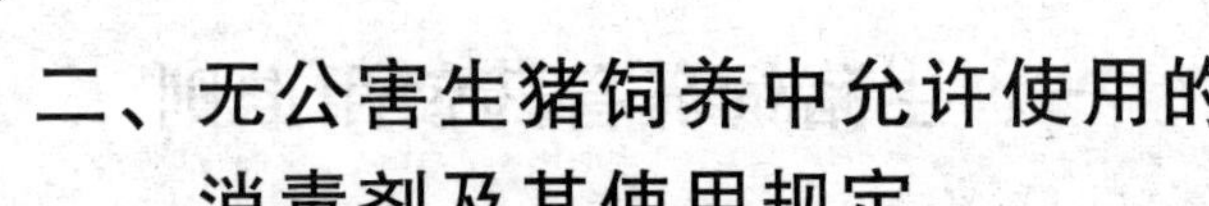

二、无公害生猪饲养中允许使用的消毒剂及其使用规定

要选择对人和猪安全、没有残留毒性、对设备没有破坏、不会在猪体内产生有害积累的消毒剂。选用的消毒剂应符合《无公害食品　畜禽饲养兽药使用准则》（NY 5030—2006）的规定。

（一）消毒方法

喷雾消毒：用一定浓度的次氯酸盐、有机碘混合物、过氧乙酸、新洁尔灭等，用喷雾装置进行喷雾消毒，主要用于猪舍清洗完毕后的喷洒消毒、带猪消毒、猪场道路和周围、进入场区的车辆。

浸液消毒：用一定浓度的新洁尔灭、有机碘混合物或煤酚的水溶液，进行洗手、洗工作服或胶靴。

熏蒸消毒：每立方米用福尔马林（40%甲醛溶液）42 毫升、高锰酸钾 21 克，21℃以上温度、70%以上相对湿度，封闭熏蒸 24 小时。甲醛熏蒸猪舍应在进猪前进行。

紫外线消毒：在猪场入口、更衣室，用紫外线灯照射，可以起到杀菌效果。

喷洒消毒：在猪舍周围、入口、产床和培育床下面撒生石灰或火碱可以杀死大量细菌或病毒。

火焰消毒：用酒精、汽油、柴油、液化气喷灯，在猪栏、猪床猪只经常接触的地方，用火焰依次瞬间喷射，对产房、培育舍使用效果更好。

（二）消毒制度

环境消毒：猪舍周围环境每 2～3 周用 2%火碱消毒或撒生石灰 1 次；场周围及场内污水池、排粪坑、下水道出口，每月用漂白粉消毒 1 次。在大门口、猪舍入口设消毒池，注意定期更换消毒液。

人员消毒：工作人员进入生产区净道和猪舍要经过洗澡，更衣、紫外线消毒。严格控制外来人员，必须进生产区时，要洗澡，更换场区工作服和工作鞋，并遵守场内防疫制度，按指定路线行走。

猪舍消毒：每批猪只调出后，要彻底清扫干净，用高压水枪冲洗，然后进行喷雾消毒或熏蒸消毒。

用具消毒：定期对保温箱、补料槽、饲料车、料箱、针管等进行消毒，可用 0.1%新洁尔灭或 0.2%～0.5%过氧乙酸消毒，然后在密闭的室内进行熏蒸。

带猪消毒：定期进行带猪消毒，有利于减少环境中的病原微生物。可用于带猪消毒的消毒药有 0.1%新洁尔灭，0.3%过氧乙酸，0.1%次氯酸钠。

三、猪场常用消毒药及使用方法

猪场常用消毒药及使用方法见表 4-1。

表 4-1 猪场常用消毒药及使用方法

消毒药种类	消毒对象及适用范围	配制浓度
氢氧化钠（烧碱）	大门消毒池、道路、环境	3%
	猪舍空栏	2%
生石灰	阴湿地面、猪舍地面、粪池周围及污水沟旁	直接使用
石灰乳	墙壁、畜栏、地面	先用生石灰与水按 1∶1 比例制成熟石灰后，再用水配成 10%～20%的混悬液
过氧乙酸	猪舍设备、带猪消毒	0.2%浸泡消毒
		0.3%喷洒消毒
次氯酸钠	带猪消毒	0.1%
	猪舍和各种器具的表面消毒	0.3%
漂白粉	圈舍、饲槽、车辆等喷洒消毒	5%～20%混悬液
	饮水消毒	0.02%

用药篇

（续）

消毒药种类	消毒对象及适用范围	配制浓度
菌毒敌（毒菌净、农乐）	畜禽圈舍、排泄物消毒及细菌性疾病的猪舍及用具	0.33%
	病毒性疾病的猪舍及用具	1%
新洁尔灭	手、皮肤、手术器械、黏膜及工作服	0.1%
百毒灭	圈舍、环境、用具	0.05%
	带猪消毒	0.03%
	饮水消毒	0.01%
福尔马林（40%甲醛）	器械消毒	2%
	圈舍的熏蒸消毒	每立方米用福尔马林28毫升，水14毫升，高锰酸钾14克
威力碘	饮水及饮水器具	1 ： 200～400
	饲养用具	1 ： 100
	带猪消毒	1 ： 60～100
苯酚（石炭酸）	消毒污物和猪舍环境	2%～5%
	浸泡外科器械	5%
高锰酸钾	腔道冲洗及洗胃	0.05%～0.1%
	母猪分娩前乳房和外阴部消毒	0.1%
	浸泡、洗刷饮水器及饲料桶等	2%～5%
来苏儿	器械、创面、手臂	2%
	猪舍地面、食槽、水槽、用具	3%～5%
酒精、红药水	局部创伤、皮肤、注射针头、体温计、皮肤、手指及手术器械的消毒	70%
碘酊	外科手术、外伤及注射部位	5%
龙胆紫	皮肤和黏膜发炎感染、溃疡面	1%
硼酸	冲洗眼、口腔、子宫、阴道等黏膜	3%～4%

四、药物采购常识

（一）了解国家法律、法规与兽药质量规定，切忌盲目买药

用药篇

农业部以公告的形式公布了饲料和动物饮水中禁止使用的药物品种，食用动物禁用的兽药及其化合物清单。

（二）鉴别真假兽药

1. 兽药说明书的内容要求 兽用标志、通用名、商品名[英文名（中兽药不需英文名）、汉语拼音]；本品主要成分及化学名称、性状、药理作用（①目前本项目尚不明确的，可暂不标注，②中兽药不写药理作用）、适用症或功能与主治、用法与用量、不良反应（目前本项目尚不明确的，可暂不标注）、注意事项、停药期（中兽药不需停药期）、规格、包装、贮藏、有效期、批准文号和生产企业。

2. 兽药标签的基本要求 兽药产品（原料药除外）必须同时使用内包装标签（直接接触兽药的包装上的标签）和外包装标签（直接接触内包装的外包装上的标签）。

（1）内包装标签。必须注明兽用标志、兽药名称（通用名、商品名）、适应证（或功能与主治）、含量/包装规格、批准文号或《进口兽药登记许可证》证号、生产日期、生产批号、有效期和生产企业信息等。安瓿、西林瓶等注射或内服产品，由于包装尺寸的限制而无法注明上述全部内容的，可适当减少项目，但必须标明兽药名称、含量规格和生产批号。

（2）外包装标签。必须注明兽用标志、兽药名称（通用名、商品名）、主要成分、适应证（或功能与主治）、用法与用量、含量/包装规格、批准文号或《进口兽药登记许可证》证号、生产日期、生产批号、有效期、停药期、贮藏、包装数量和生产企业信息等。

（3）兽用原料药的标签。必须注明兽药名称（通用名、商品名）、包装规格、生产批号、生产日期、有效期、贮藏、批准文号、运输注意事项或其他标记和生产企业信息等。

（4）兽药有效期。按年月顺序标注。年份用四位数表示，月份用两位数表示。如"有效期至2002年09月或有效期至2002.09"。如不符合上述要求，就属于"不合格产品"。

很多假劣兽药从外包装就能鉴别出真伪。如有的兽药不标明有效成分，有的没有批准文号，有的兽药标明对病毒性疾病有治疗作用却没有农业部的批准文号，有的不标"兽用"两字，有的不标含量，有的不标有效期，有的不标作用，有的不标用途，有的兽药说明书内容排列极不规范，主要成分、含量、作用、用途、用法、用量、有效期、停药期、注意事项等内容排列颠三倒四。

（三）认真看标签与说明书

看有效成分：市场上的兽药琳琅满目，许多兽药商品名称不同，但有效成分相同；有的药名相同但有效成分不同。

看用途：在买药前必须知道猪得了或可能得什么病，看清药是抗病毒还是抗生素类，尽量做到对症下药。

看用量：不要一听价钱就否定了这种东西，比较一下使用量才会知道真正价值。

看用法：特别是疫苗，猪伤寒等疫苗需用专用稀释液才能达到预期效果。

看贮藏方法：注意区分冷藏与冷冻。

看注意事项：如二者可配合使用，但要分别肌内注射；禁止同时使用等。

看生产厂家：最好选用有一定知名度、大厂家的药。一般知名厂家的产品质量相对有质量保障。

看特别提示：有的兽药标有剧毒、限量等特别提示，使用时需严格控制用量。

五、生产A级绿色食品禁止使用的饲料添加剂

表4-2摘自《绿色食品　畜禽饲料及饲料添加剂使用准则》（NY/T471—2010）。

表4-2　生产A级绿色食品禁止使用的饲料添加剂

种类	品种	备注
矿物元素及其络（螯）合物	稀土（铈和镧）壳糖胺螯合盐	
非蛋白氮	尿素、碳酸氢铵、硫酸铵、液氨、磷酸二氢铵、磷酸氢二铵、缩二脲、异丁叉二脲、磷酸脲、羟甲基脲	反刍动物也不应使用
抗氧化剂	乙氧基喹啉、二丁基羟基甲苯（BHT）、丁基羟基茴香醚（BHA）	
防腐剂	苯甲酸、苯甲酸钠	
着色剂	各种人工合成的着色剂	
调味剂和香料	各种人工合成的调味剂和香料	
黏结剂、抗结块剂和稳定剂	羟甲基纤维素钠、聚氧乙酸20山梨醇酐单油酸酯、聚丙烯酸钠	

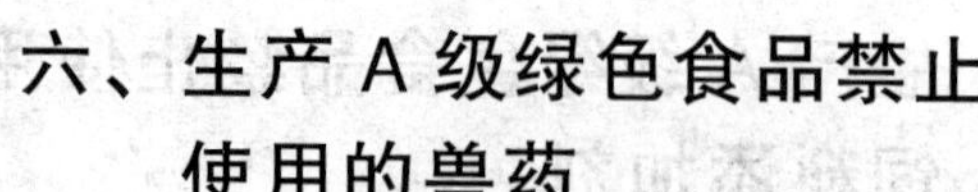

六、生产A级绿色食品禁止使用的兽药

表4-3摘自《绿色食品　兽药使用准则》（NY/T472—2006）。

表4-3　生产A级绿色食品禁止使用的兽药

序号	种类		兽药名称	禁止用途
1	β-兴奋剂类		克仑特罗、沙丁胺醇、莱克多巴胺、西马特罗及其盐、酯及制剂	所有用途
2	性激素类		己烯雌酚、己烷雌酚及其盐、酯及制剂	所有用途
			甲基睾丸酮、丙酸睾酮、苯丙酸诺龙、苯甲酸雌二醇及其盐、酯及制剂	促生长
3	具有雌激素样作用的物质		玉米赤霉醇、去甲雄三烯醇酮、醋酸甲孕酮及制剂	所有用途
4	抗生素类	氯霉素类	氯霉素、及其盐、酯（包括琥珀氯霉素）及制剂	所有用途
		氨苯砜	氨苯砜及制剂	所有用途
		硝基呋喃类	呋喃唑酮、呋喃它酮、呋喃苯烯酸钠及制剂	所有用途
		硝基化合物	硝基酚钠、硝呋烯腙及制剂	所有用途

（续）

序号	种类		兽药名称	禁止用途
4	抗生素类	磺胺类及其增效剂	磺胺噻唑、磺胺嘧啶、磺胺二甲嘧啶、磺胺甲噁唑、磺胺对甲氧嘧啶、磺胺间甲氧嘧啶、磺胺地索辛、磺胺喹噁啉、三甲氧苄氨嘧啶及其盐和制剂	所有用途
		喹诺酮类	诺氟沙星、环丙沙星、氧氟沙星、培氟沙星洛美沙星及其盐和制剂	所有用途
		喹噁啉类	卡巴氧、喹乙醇及制剂	所有用途
		抗生素滤渣	抗生素滤渣	所有用途
5	催眠、镇静类		安眠酮及制剂	所有用途
			氯丙嗪、地西泮(安定)及其盐、酯及制剂	促生长
6	抗寄生虫类	苯并咪唑类	噻苯咪唑、丙硫苯咪唑、甲苯咪唑、硫苯咪唑、磺苯咪唑、丁苯咪唑、丙氧苯咪唑、丙噻苯咪唑及制剂	所有用途
		抗球虫类	二氯二甲吡啶酚、氨丙啉、氯苯胍及其盐和制剂	所有用途
		硝基咪唑类	甲硝唑、地美硝唑及其盐、酯及制剂	促生长
		氨基甲酸酯类	甲奈威、呋喃丹（克百威）及制剂	杀虫剂
		有机氯杀虫剂	六六六（BHC）、滴滴涕（DDT）、林丹（丙体六六六）、毒杀芬（氯化烯）及制剂	杀虫剂
		有机磷杀虫剂	敌百虫、敌敌畏、皮蝇磷、氧硫磷、二嗪农、倍硫磷、毒死蜱、蝇毒磷、马拉硫磷及制剂	杀虫剂
		其他杀虫剂	杀虫脒（冲死螨）、双甲脒、酒石酸锑钾、锥虫胂胺、孔雀石绿、五氯酚酸钠、氯化亚汞（甘汞）、硝酸亚汞、醋酸汞、吡啶基醋酸汞	杀虫剂

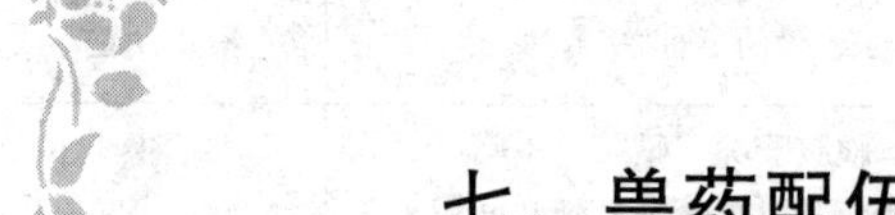

七、兽药配伍禁忌

有些药物配在一起时，可能产生沉淀、结块、变色，甚至失效或产生毒性等后果，因而不宜配合应用。凡不宜配合应用的情况称做配伍禁忌。按照药物配伍后产生变化的性质。分为以下三类：

1. 药理性配伍禁忌 药理性配伍禁忌，亦称疗效性配伍禁忌，是指处方中某些成分的药理作用间存在着颉颃，从而降低治疗效果或产生严重的副作用及毒性。例如，在一般情况下，泻药和止泻药、毛果芸香碱和阿托品的同时使用都属药理性配伍禁忌。

2. 物理性配伍禁忌 物理性配伍禁忌，即某些药物相互配合在一起时，由于物理性质的改变而产生分离、沉淀、液化或潮解等变化，从而影响疗效。例如，活性炭等有强大表面活性的物质与小剂量抗生素配合，后者被前者吸附，在消化道内不能再充分释放出来。

3. 化学性配伍禁忌 化学性配伍禁忌，即某些药物配伍在一起时，能发生分解、中和、沉淀或生成毒物等化学变化。例如，氯化钙注射液与碳酸氢钠注射液合用时，会产生碳酸钙沉淀。但是，还有一些药物在配伍时产生的分解、聚合、加成、取代等反应并不出现外观变化，但却使疗效降低或丧失。例如，人工盐与胃蛋白酶同用，前者组分中的碳酸氢钠可抑制胃蛋白酶的活性。

因此，兽医人员在用药时，必须做到心中有数，避免开出配伍禁忌的处方，从而保证处方中制剂有高度的稳定性和有效性，更合理地发挥其应有的疗效。

常见猪用兽药的配伍禁忌有：

（1）普鲁卡因含有 PABA（对氨基苯甲酸）成分，能颉颃磺胺类药的抑菌作用。

（2）抑菌性抗生素如红霉素能颉颃青霉素的抗菌力。

（3）青霉素与磺胺类药合用，两者的临床疗效均下降。磺胺类药注射液为强碱性，与青霉素混合注射能破坏青霉素的抗菌活性。

（4）碳酸氢钠与土霉素、四环素合用内服，可使胃肠对后二者的吸收减少 50%而降低药效。

（5）维生素 B_1、维生素 B_2、维生素 C 的注射液对氨苄青霉素、先锋霉素Ⅰ和Ⅱ、土霉素、强力霉素、链霉素、卡那霉素、林可霉素等均有不同程度的灭活作用，即抗生素失去抗菌力，故不能混合注射。

（6）喹乙醇与土霉素合用作饲料添加剂有药理性颉颃作用。

（7）喹乙醇、杆菌肽锌、北里霉素、维吉尼霉素等饲料添加剂之间的抗菌作用互相颉颃。

（8）敌百虫与碳酸氢钠或含有碳酸氢钠（如人工盐）等碱性药合用，敌百虫会转变为剧毒的敌敌畏而引起中毒。

（9）双氢链霉素与卡那霉素合用加重对耳内听神经等的毒性。

资料篇

SHENGZHANG YUFEIZHU RICHENG GUANLI JI YINGJI JIQIAO

一、猪的品种

我国是一个猪品种资源十分丰富的国家。自 20 世纪 50～80 年代初，经多次普查，对原有的 100 多个地方猪种进行整理归纳，确认目前有 76 个地方猪种，已列入《中国猪种品种志》的有 48 个。这些品种曾以独特的特性受到国内外养猪业者的重视，如太湖猪的高繁殖力、民猪的抗寒性、香猪的肉质等。还有早已引入我国并已适应我国气候和生产环境的 4 个主要外来品种。这些猪种是我国发展瘦肉型猪生产、开展杂交利用的优良品种资源，是十分宝贵的资源财富。

（一）中国地方猪种

我国幅员辽阔、地理复杂，各地区农业生产条件和耕作制度差异悬殊，社会经济条件和人们对肉脂需求及加工方法各异，决定了选育条件和培育方式不同，便形成了我国不同地区各具特色的地方优良猪种。我国学者依据猪种起源、体形特点和生产性能，按自然地理位置上的分布，将中国地方猪种划分为六大类型，即华北型、华南型、江海型、西南型、华中型和高原型。中国地方猪种有很多优良种质特性，其中最主要的是性成熟早、繁殖力高、发情明显、肉质好、抗逆性强、生长缓慢、早熟易肥和胴体瘦肉率低。

（二）从国外引入我国的主要瘦肉型猪种

1. 长白猪（Landrace） 原名兰德瑞斯，原产于北欧的丹麦，是用大约克夏猪与当地的土种猪杂交，经过较长时间的培育而成，至今已有80余年的历史。是世界上第一个育成的瘦肉型猪种。在杂交利用中常作为第一父本或母本。

外貌特征：长白猪全身被毛白色，头小，鼻嘴直、狭长，颜面平直，耳大前倾，颈部与肩部较轻；背腰平直，体躯长，体长比胸围长20厘米以上，有16对肋骨；后躯肌肉发达，全身结构紧凑，整个体形呈前窄后宽的“流线型”特征。

繁殖性能：性成熟较晚，公猪6月龄时性成熟，8月龄配种。初产母猪产仔数9.0～10.0头，产活仔数8.5头以上，经产母猪产仔数11.0～12.0头，产仔活数10.3头以上。

生长发育：长白猪生长发育迅速，后备公猪生后6月龄体重可达90～95千克，母猪体重达85～95千克。成年公猪体重为250～350千克，成年母猪体重220～300千克。从出生至90千克体重出栏需165～175天。生长猪20～100千克阶段，平均日增重750～800克，饲料转化率2.8～3.0。

胴体品质：体重90千克屠宰，屠宰率72%～74%，腿臀比例32%～34%，平均背膘厚1.7～2.4厘米，眼肌面积34～40厘米^2，瘦肉率64%～68%。

优点：繁殖性能较好、生长速度快、饲料利用率高、胴体膘薄且瘦肉率高。

缺点：四肢不够粗壮，易患四肢病；不抗寒，适应性较差；对饲料条件要求较高，母猪发情征状不明显。

2. 大约克夏猪（Large Yorkshire） 又名大约克、大白猪，原产于英国。是世界上著名瘦肉型猪种之一，分布最广。在杂交利用中常作为第一父本或母本。

外貌特征：大约克夏猪全身被毛白色，体型较大，头颈较长，颜面宽而微凹，耳薄中等大小，稍向前立；体躯较大，胸部较广，背平直略呈弓形，后躯宽长，肌肉发达，四肢较高而结实。

初产母猪平均窝产仔数7～9头，经产母猪10～12头，仔猪出生个体重1.3千克。

生长发育：大约克夏猪生长发育迅速，生长猪20～100千克阶段，平均日增重700克以上，后备种猪生后6月龄体重可达90～100千克，一年可达170千克以上。成年公猪体重为300～350千克，成年母猪体重200～300千克。饲料转化率2.8。

胴体品质：100千克体重屠宰时屠宰率70%，胴体瘦肉率62%左右。肉质优良。

优点：繁殖性能好、生长速度快、饲料利用率高、胴体瘦肉率较高。

缺点：对饲料条件要求较高，蹄质不够坚实。

3. 杜洛克猪（Duroc）　产于美国，是当代世界著名瘦肉型猪种之一。在杂交利用中，多用作终端父本。

外貌特征：杜洛克猪全身红毛色为突出特征，色泽从金黄色到棕红色，深浅不一，以樱桃红色最受人喜爱；头较清秀，两耳中等大小，耳根硬、耳尖软，从耳中部开始下垂，称为半垂耳；嘴中等大小，面部微凹；胸宽且深，背略呈弓形；后躯肌肉丰满；四肢粗壮结实，蹄呈黑色而多直立。

繁殖性能：初产母猪平均窝产仔数6～8头，经产母猪9～11头，仔猪出生个体重1.4千克以上。

生长发育：杜洛克猪生长发育迅速，生长猪20～100千克阶段，平均日增重725克以上。后备种猪生后6月龄体重可达90～100千克，一年后公猪体重205千克，母猪170千克以上。成年公猪体重为300～400千克，成年母猪体重200～300千克。每千克增重消耗配合饲料2.8千克。

胴体品质：100千克体重屠宰时屠宰率70%，瘦肉率高达

64%，肉质优良。

优点：体质结实、生长速度快、饲料利用率高、胴体瘦肉率较高；性情温顺、抗寒、适应性强。

缺点：繁殖性能较低，部分猪体躯较短。

4. 皮特兰猪（Pietrain） 皮特兰猪原产于比利时，是近40年在欧洲流行的瘦肉型新品种，是当代世界著名瘦肉型品种中瘦肉率最高的猪种。根据中法养猪科技合作项目，上海于1988年从法国首次引进。在杂交利用中，多用作终端父本。

外貌特征：皮特兰猪毛色呈灰白色并带有不规则的深黑色斑点，偶尔出现少量棕色毛，有的还夹杂有部分棕红色斑块；头部清秀，颜面平直，腮部稍厚，嘴大且直，双耳短而大半向前略分开；体躯呈圆柱形，腹部平行于背部，肩部肌肉丰满，背中线凹陷，背直而宽大，两边明显凸出方块肌肉群；腿臀部肌肉特别发达，蹄趾强壮有力；体长1.5～1.6米。

繁殖性能：公猪一旦达到性成熟就有较强的性欲，采精调教一次就会成功，射精量250～300毫升，精子数每毫升达3亿个。母猪的初情期一般在190天，发情周期18～21天。初产母猪平均窝产仔数7～8头，经产母猪9～10头，仔猪出生个体重1.3千克以上。母猪母性不亚于我国地方品种，仔猪育成率在92%～98%。

生长发育：在较好的饲养条件下，皮特兰猪生长迅速，6月龄体重可达90～100千克。12月龄体重可达180千克以上。成年公猪体重为300～350千克，成年母猪体重220～280千克。皮特兰猪采食量少，后期增重慢。生长猪20～100千克阶段，日增重750克左右，每千克增重消耗配合饲料2.5～2.6千克。

胴体品质：屠宰率76%、瘦肉率高达70%，但肉质差。

优点：生长速度快，饲料利用率和胴体瘦肉率特别高。

缺点：繁殖性能较低、肉质差、应激敏感猪多达60%，抗逆性差。

（三）中国培育猪种

中国培育猪种是指在1840年以后，特别是新中国成立以来，利用从国外引入的猪种与我国地方猪种杂交而培育而成的猪种，有的是利用原有血统不明的杂种猪群，加以整理和选育而成的；有的是按照事先拟定的育种计划进行选育的。1972年，全国猪科研育种协作组成立，1972—1982年，中国培育新品种12个，新品系3个；1982—1990年，中国育成新品种16个，新品系7个；1990年以来，培育了21个新母系猪。

我国培育猪种按所利用的国外品种的异同以及猪种的特征和特性，大体上可归纳为3类：

1. 受大白（约克夏或苏白）猪影响较大的品种。多数是当地猪种用大白猪级进二代以上，获得理想杂种个体后，再采用自群繁育而育成的，通常为白色毛，如上海白猪、三江白猪等。

2. 受巴克夏猪影响较大，或以本地黑猪血统为主、掺有少量其他品种血液的新品种。毛色全黑或在体躯末端有少量白斑，如新金猪、新淮猪、北京黑猪等。

3. 受波中猪影响，或用克米洛夫或其他品种与地方品种进行杂交而育成的品种，如垛山猪、定县猪等，毛色为黑白花，有的还杂有棕色。

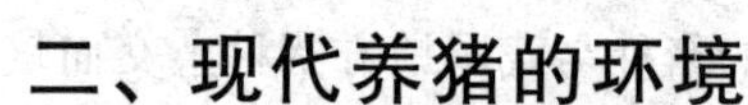

二、现代养猪的环境

环境是影响猪生活的各种因素的复杂集合。环境包括温度、空气、动物社群、空间和物理的如墙及地面材料、大小范围等各种因素。食物、病原、光线、噪声和管理人员也构成总环境的一部分。

（一）环境与养猪生产

现代化养猪生产，由于养猪规模大、集约化程度高、对环境条件要求较高，环境因素影响经济效益占有相当的比重。因此，在养猪生产中，应重视猪场和猪舍的环境控制与改善，提高企业经济效益。

猪场环境保护包括两方面内容，一方面保护猪场免受外来污染，如其他畜牧场的污浊空气、污水，以及工业“三废”（废水、废气、废渣）、农药、化肥等的污染；另一方面，则防止猪场对周围环境和对自身造成污染。

1. 环境污染对猪的危害 环境污染的主要来源有工业“三废”、农药、化肥、畜牧场废弃物（粪尿、污水、臭气及其他废弃物）、交通废气、居民生活废弃物（垃圾、生活污水、烟气、粪尿）等。这些污染物进入大气、水、土壤造成污染，并进一步影响猪的健康和生产力。

（1）大气污染。污染的大气可以严重影响猪的健康。在低浓度空气污染物的长期作用下，可引起猪上呼吸道炎症、慢性支气管炎、支气管哮喘及肺气肿等疾病。另外，空气污染还会降低猪的免疫功能，使猪的抵抗力下降，从而诱发或加重多种其他疾病。

①二氧化硫。二氧化硫对黏膜有刺激作用，刺激眼结膜，影响视觉，刺激鼻咽和呼吸道黏膜，引发呼吸不畅，喘息等症状，引起鼻咽炎、支气管炎、气管炎、结膜炎，严重时导致肺水肿。据报道，二氧化硫浓度为280～850毫克/米^{3}时，仔猪即出现生长发育不良，精神委靡、增重减缓。

②氮氧化物。氮氧化物吸入深部呼吸道可引起慢性或急性中毒，猪只呼吸困难、支气管痉挛，出现肺气肿。二氧化氮浓度达80～200毫克/米^{3}时，可导致昏迷、甚至死亡，270～940毫克/米^{3}时可引起急性中毒死亡。高浓度一氧化氮可刺激中枢神经系统，出现神经麻痹、痉挛。

③氟化物。猪只在采食、饮水时，氟化物经消化道、呼吸道进入体内，高浓度的氟可引起机体钙、磷代谢紊乱，过量氟与钙结合成氟化钙，使骨质溶解、骨骼变形，出现牙齿钙化不全、釉质受损，四肢变形、跛行。饮、食含氟量高的水、饲料，长期氟中毒会使采食量减少，逐渐消瘦，以致衰竭死亡。此外，氟可在猪体蓄积，食用这种猪肉后，引起人的氟中毒或其他一些病症。

④碳氢化物。猪场大多设在城市郊区，而排放大气污染物的厂矿企业也大多位于城郊，猪场距离上述污染源较近，或位于其下风向时，则大气中的碳氢化物污染会对工作人员和猪只健康造成严重危害。

（2）水体污染。工业废水、生活污水、农田径流和土壤渗透、畜牧场污水等大量排入水源，超过水体的自净能力时，可使水质恶化，达到了影响水体原有用途的程度，造成污染。

猪只饮用受污染的水体后，可引起慢性或急性中毒。这些毒物可在体内残留，随食物链逐级富集，最后对人体造成危害。毒物在水中还可抑制水中微生物的生长和繁殖，因而也就影响了微生物对水中有机物的分解和氧化，妨碍了水体的自净。

（3）*土壤污染*。土壤污染是指污染物通过多种途径进入土壤，其数量和速度超过了土壤容纳的能力和土壤净化速度的现象。土壤污染可使土壤的性质、组成及性状等发生变化，使污染物质的积累过程逐渐占据优势，破坏了土壤的自然动态平衡，从而导致土壤自然正常功能失调，土壤质量恶化，影响作物的生长发育，以致造成产量和质量的下降，并可通过食物链引起对生物和人类的直接危害。土壤污染的污染物主要来自两个方面：第一，人为污染源，土壤污染物主要来自工业和城市的废水和固体废物、农药和化肥、牲畜排泄物、生物残体及大气沉降物等；第二，自然污染源，在自然界中某些矿床或物质的富集中心周围，经常形成自然扩散晕，而使其附近土壤中某些物质的含量超出土壤正常含量范围，而造成的土壤污染。

总之，环境中污染物在大气、水、土壤三者间不停地循环，相互影响，同时三者都有一定的自净能力，不断使污染物得以清除，但超过其承受限度，必将造成大气、水和土壤等环境的恶化，直接或间接地影响猪只健康和生产力。

2. 猪场对环境的污染　现代养猪规模大，集约化程度很高，猪场每日的粪污产生量也大大增加，而为了运输方便，大型猪场大多建在城市郊区，周围无足够的农田消纳如此大量的粪污，或因人为因素不加以利用，粪污任意堆弃和排放，严重污染周围环境，同时也污染自身。猪场对环境的污染也包括三方面，对大气、水、土壤的污染。

①大气污染。猪的粪尿排泄量很大，其中含有大量有机物质，排出体外后会迅速腐败发酵，产生硫化氢、氨、胺、硫醇、苯酸、挥发性有机酸、吲哚、粪臭素、乙醇、乙醛等恶臭物质，污染猪舍和大气环境。除猪舍排出的有害气体外，猪场的化粪

池、堆肥场是散发恶臭气体的主要场所，以上有害气体及生产中产生的大量尘埃、微生物排入大气，散布于猪场及附近居民区上空，刺激人、畜呼吸道，可引起呼吸道疾病，影响人畜健康，恶臭气体使人产生不愉快的感觉，影响人的工作效率，猪场自身大气污染也常引起猪只生产力下降。猪场排出的各种微生物以尘埃为载体，随风传播，可引起疫病蔓延，场区滋生大量蚊蝇也易传播疫病、污染环境。

②水源和土壤污染。猪场的粪便和污水不经处理，任意排放，或处理不当，会经降水的淋洗、冲刷而污染地面水、土壤和地下水。粪污中含有大量有机质，进入天然水体后，被微生物分解，大量消耗水中溶解氧，严重时溶解氧被耗尽，有机物进行厌氧分解，产生各种恶臭物质，水体变黑发臭。粪便中的病原微生物、寄生虫卵、抗生素、消毒药等，也会污染地面水和土壤，并经地层渗滤而污染地下水。土壤虽有一定的自净能力，但粪污过量施用，超过其自净能力，可使土壤有机质含量过多，影响作物生长。施用未经无菌处理的粪肥，粪肥中的一些病原微生物、寄生虫卵等可在土壤长期生存和繁殖，扩大传染源，易引起疫病传播。

（二）环境因子对猪生产力的影响

1. 光照对猪的影响 猪舍的光照有太阳光和人工照明两种方式。开放式或有窗式猪舍的光照主要来自太阳光，也有部分来自荧光灯或白炽灯等人工照明光源。封闭式猪舍的光照则全部来自人工照明。

光照对仔猪的物质代谢、抵抗力、生长和成活率都有明显影响，延长光照时间或提高光照强度，可增强肾上腺皮质的功能，提高免疫力，增强仔猪消化机能，促进食欲，提高仔猪增重速度与成活率。光照对生长育肥猪有一定影响，适当提高光照强度，可增进猪的健康，提高猪的抵抗力，但提高光照强度也增加猪的活动时间，减少休息睡眠时间。

光照调节要有规律，否则将影响机体生物节律，从而影响生产力健康。可见光的光照强度常用照度来表示，单位为勒克斯(lx)。建议仔猪从出生到4月龄采用18小时光照，光照强度为50～100勒；生长育肥猪的光照强度一般在40～50勒，光照时间对生长育肥猪影响不大，一般不超过10小时；后备猪的光照时间不应少于12小时，或在14小时以上，光照强度60～100勒；母猪的光照时间12～17小时，光照强度60～100勒；公猪的光照时间为8～10小时，光照强度为100～150勒。

此外，太阳光中的紫外线也具有较强的生物学效应。当猪只缺乏维生素D时，钙、磷代谢障碍。同时，适量照射紫外线，还能增强肌体的免疫力和抗病力。但紫外线过量照射会造成猪的皮炎、角膜炎和结膜炎等。可见光也可以引起猪的光热效应和光化学效应，但远不如红外线和紫外线强烈。

充分利用紫外线、红外线的一些有益作用，在养猪生产中可以取得很好的效果。在一些现代化养猪场中，其进入生产区的消毒、更衣室，墙壁和屋顶装有紫外灯，供杀菌消毒之用。哺乳猪舍仔猪保温箱采用红外灯和红外电热板做局部供暖。

2. 温度对猪的影响 猪对温度的要求因品种、年龄、体重、营养状况、空气湿度、环境辐射、空气流速和地面性质的不同而异。现代养猪生产中要重点加强夏季猪只的防暑降温以及冬季防寒保暖工作，初生仔猪和断奶仔猪特别应注意保温工作。夏季降低饲养密度，打开门窗，加大通风量，用冷水淋浴，增加体热的散失。猪舍四周多植树，绿化遮阴、搭凉棚、盖天窗、以减少热辐射。此外，还应当注意猪舍的设计、施工以及使用和管理，使猪舍内有较为适宜的温度条件。冬天要适当增加猪的密度，控制门窗启闭，增加垫草或保温设备，减少体热散失，增加喂量以增加产热量。

3. 湿度 猪舍内的水汽来源有大气水蒸气、猪的呼吸道和皮肤散发的水蒸气、地面墙壁等物体表面蒸发的水蒸气。湿度超过猪的适宜湿度范围会对猪的健康产生不利影响。高温、高湿影响猪体的蒸发散热，低温、高湿使猪的散热量增加，并容易发生感冒、肺炎、湿疹和仔猪下痢等疾病。应采取通风、排水等综合措施，防止猪舍潮湿。

4. 通风 猪舍内有效通风主要是保持空气均匀分布。无论自然通风，还是机械通风，猪舍内的空气流通都随吹进来的空气密度而定。猪舍空气要经常保持流通，排风方法一般以通风窗的自然排风与机械排风相结合，但全封闭猪舍则完全依靠排风扇换气，要防止贼风、寒冷空气、高热空气侵入猪舍。

5. 噪声对猪的影响 噪声是指能引起不愉快和不安感觉或引起有害作用的声音。噪声的强弱一般以声压级来表示，单位为分贝（dB）。噪声是影响猪正常休息和睡眠的重要因素。随着现代养猪生产规模的日益扩大和生产的机械化程度的提高，噪声的危害也愈严重。

猪舍的噪声有多种来源，一是从外界传入，如外界工厂传来的噪声，飞机、车辆产生的噪声等；二是舍内机械产生，如风机、清粪机械等；三是人的操作和猪自身产生，如人清扫圈舍、加料、添水等，猪的采食、饮水、走动、哼叫等。

一般认为猪长期处于强噪声中，会出现神经衰弱症候。断续噪声比连续声影响更大，夜间噪声比白天噪声影响大。突然产生的噪声会触发猪短期的兴奋和烦躁，使猪受惊、狂奔，发生撞伤、跌伤或碰坏某些设备。猪对重复的噪声能较快地适应，因此，噪声对猪的食欲、增重和饲料转化率没有明显影响，但突然的高强度噪声使猪的死亡率增高，母猪受胎率下降，流产、早产现象增多。

关于猪舍的噪声标准，可以人的卫生学标准为准，即不超过85分贝。饲养管理的各个环节中应尽量降低噪声的产生。现代工厂化猪场选择场址时就应考虑外界或场内是否有强噪声源存在，选择噪声相对较小的生产工艺，选用噪声小的机械设备或带有消声器，搞好场区绿化也是降低舍内噪声的有效措施。

6. 有害气体对猪的影响 猪舍内对猪的健康和生产或对人的健康和工作效率有不良影响的气体统称为有害气体。猪舍有害气体主要是指猪呼吸、粪尿、饲料、垫草腐败分解产生的氨气、硫化氢、二氧化碳和甲烷等。

①氨气（NH_3）。氨气为无色、易挥发、具有刺激性气味的气体，比空气轻，易溶于水。氨气主要来自于粪便的分解，在猪舍中氨常被溶解或吸附在潮湿的地面、墙壁和猪黏膜上。

低浓度氨气长期作用于猪，可导致猪体质变弱，对某些疾病产生敏感，采食量、日增重、生殖能力都下降，发病率和死亡率升高，这种症状称为“氨的慢性中毒”。若氨浓度较高，对猪引起明显病理反应和症状，称为“氨中毒”。

带仔母猪舍氨气浓度要求不超过15～20毫克/米^3，其余猪舍要求不超过20～30毫克/米^3。

②硫化氢（H_2S）。硫化氢为无色、易挥发，有臭鸡蛋气味的毒性气体，易溶于水，比空气重，靠近地面浓度更高。低浓度接触仅有呼吸道及眼的局部刺激作用，高浓度时全身作用较明显，表现为中枢神经系统症状和窒息症状。猪舍中硫化氢含量不得超过10毫克/米^3。

③二氧化碳（CO_2）。二氧化碳是一种无机物，常温下是一种无色无味气体，密度比空气略大，微溶于水，并生成碳酸。二氧化碳无毒，但它可表明猪舍空气的污浊程度，同时表明猪舍空气中可能存在其他有害气体。舍内二氧化碳含量过高，氧气含量相对不足，会使猪只出现慢性缺氧，精神委靡、食欲下降、增重缓慢、体质虚弱，易感染慢性传染病。空气中二氧化碳的含量一般为0.03%，猪舍内二氧化碳含量要求不超过0.15%～0.2%。

④一氧化碳（CO）。一氧化碳是无色、无味气体，难溶于水，略比空气轻。冬季在用火炉采暖的猪舍，常因煤炭燃烧不充

分而产生。

妊娠后期母猪、带仔母猪、哺乳仔猪和断奶仔猪舍一氧化碳不得超过 5 毫克/米^3，种公猪、空怀和妊娠前期母猪、育成猪舍一氧化碳不得超过 15 毫克/米^3，育肥猪舍不得超过 20 毫克/米^3。以上值均为一次允许最高浓度。

有害气体在浓度较低时，不会对猪只引起明显的不良症状，但长期处于含有低浓度有害气体的环境中，猪的体质变差、抵抗力降低，发病率和死亡率升高，同时采食量和增重降低，引起慢性中毒。这种影响不易觉察，常使生产蒙受损失，应予以足够重视。

在生产上应根据有害气体产生的根源和存在变化的规律，采用综合措施，将有害气体对猪的影响降到最低限度。在低温条件下，北方的大部分猪舍全部进行封闭，这时产生的有害气体排不出去，会严重影响猪群的健康，使生产成绩下降。因此，在猪舍密闭的情况下，必须设置通风口、鼓风机等换气设备，定期进行通风换气，加快排除有害气体。在半封闭式猪场，冬天晴天上午出太阳后，要打开窗户进行通风换气，但与此同时要注意保持猪舍温度，防止猪群着凉，尤其是要保持产房和仔猪舍所需的温度，但保温要在通风的基础上进行。在潮湿的猪舍，氨和硫化氢常吸附在潮湿的地面、墙壁和顶棚上，舍内温度升高时又挥发出来，很难通过通风而排出。因此，猪舍内做好防潮和保暖可以适当减少舍内有害气体含量。此外，垫草具有较强的吸收有害气体的能力，猪床铺设垫草也可减少有害气体。

7. 尘埃和微生物对猪的影响　猪舍内的尘埃和微生物少部分由舍外空气带入，大部分则来自饲养管理过程，如猪的采食、活动、排泄、清扫地面、换垫草、分发饲料、清粪、猪只咳嗽、鸣叫等。

①尘埃。猪舍尘埃主要包括猪体脱落的皮肤细胞和被毛碎片、尘土、饲料、粪便和垫草粉粒等。尘埃数量可用单位体积空

气中尘埃的重量或数量来表示，一般情况下，舍内含尘量在 $10^3 \sim 10^6$ 粒/米^3，翻动垫草可使灰尘量增大 10 倍，不同类型、不同卫生状况的猪舍其含尘量和尘埃的成分差异也较大。而尘埃成分的不同又会对健康造成不同的影响。

尘埃本身对猪有刺激性和毒性，同时尘埃是微生物、有毒有害气体的载体，通风不良或经常不透阳光，尘埃更能促进各种微生物的繁殖，从而加剧了对猪的危害程度。尘埃降落在猪体表，可与皮脂腺分泌物、皮屑、微生物等混合，刺激皮肤发痒，继而发炎。尘埃还可堵塞皮脂腺，使皮肤干燥，易破损，抵抗力下降，尘埃落入眼睛可引起结膜炎和其他眼病，被吸入呼吸道，则对鼻腔黏膜、气管、支气管产生刺激作用，导致呼吸道炎症，小粒尘埃还可进入肺部，引起肺炎，反复吸入充满尘埃的空气可使肺内的支气管和细支气管受到永久性损害。

控制猪舍中的尘埃，不但可减少猪的呼吸道疾病，也有利于猪舍管理人员的健康。如不及时清除污物，避免尘埃飞扬，保持猪舍合理的通风换气和定期消毒，势必引起细菌性传染病的发生。猪舍尘埃含量，带仔母猪和哺乳仔猪舍昼夜平均不得大于 1.0 毫克/米^3，育肥猪舍不得大于 3.0 毫克/米^3，其他猪舍不得高于 1.5 毫克/米^3。

②微生物。猪舍内空气中微生物的来源有猪的呼气、饲料、垫料、粪尿排泄和体表携带，有时外来的空气和生物（昆虫和鼠）也会带入，其中有害微生物（细菌、病毒、真菌）的增加势必引发疾病。不同猪舍微生物含量因其通风换气状况、舍内猪的种类、密度等的不同而变异较大。

空气中微生物类群是不固定的，一般情况下大多为腐生菌，还有球菌霉菌、放线菌、酵母菌等等，在有疫病流行的地区，空气中还会有病原微生物。空气中病原微生物可附在尘埃上进行传播，称为灰尘传染；也可附着在猪只喷出的飞沫上传播，称为飞沫传染，猪只打喷嚏、咳嗽、鸣叫时可喷出大量飞沫，多种病原体可存在其中，引起病原体传播。通过尘埃传播的病原体，一般对外界环境条件抵抗力较强，如结核菌、链球菌、绿脓球菌、葡萄球菌、丹毒和破伤风杆菌、炭疽芽孢、气肿疽梭菌等，猪的炭疽病就是通过尘埃传播的。通过飞沫传播的主要是呼吸道传染病，如气喘病、流行性感冒等。

要减少猪舍空气中的尘埃和微生物，必须在建场时就合理设计，正确选择场址，合理布局场区，防止和杜绝传染病侵入。冬季猪舍启用喷油（植物油）装置，夏季启用喷水装置，每天执行5～8次喷雾，可使猪舍内尘埃减少40%～70%。按要求做好猪的体表寄生虫防治，减少猪的蹭痒带来的皮屑断毛的飞扬。杀灭猪舍内昆虫和鼠类，减少带入有害微生物的机会。舍内应及时清除粪污和清扫圈舍，合理组织通风，定期消毒等。

（三）环境的保护与控制

保护猪场免受外来污染或避免自身污染，就需从切断环境污染的三种途径入手，即防止大气、水源和土壤污染。搞好猪场绿化，是防止和减轻大气污染的很好途径；做好水源防护和水体的净化消毒工作，可使猪只免受水体污染的危害；舍饲养猪条件下，猪只直接遭受土壤污染的机会很少，主要是通过采食、饮用被土壤污染了的饲料、饮水等而间接引起，与猪只直接接触的地面、机械设备、垫料等不清洁，则导致猪只疫病的感染和传播，因此，做好猪场的消毒管理工作非常重要。

1. 绿化　绿化是猪场环境改善最有效的手段之一。搞好猪场绿化可以减轻空气污染，净化场区空气，不但对猪场环境的美化和生态平衡有益，而且对工作、生产也会有很大的促进。

（1）绿化的作用。

①美化场区环境。搞好场区的绿化建设，不仅能美化场容、吸收有害气体、减轻异味、改善环境条件、而且能为生产创造良好的工作条件，为猪只生长创造舒适、健康的生产环境，可以有

效地提高劳动生产效率和经济效益。

②绿化可吸收大气中有害、有毒物质，过滤、净化空气、减轻异味。现代猪场由于饲养量大，密度高，由猪舍内排出的二氧化碳较集中，同时有少量的氨、硫化氢等有害气体一起排出，绿色植物可通过光合作用吸收二氧化碳并放出氧气。同时许多植物还可吸收空气中的有害气体，使氨、硫化氢、二氧化碳、氟化氢等有害气体的浓度大大降低（减少有害有毒气体含量25%），恶臭也明显减少（除臭50%）。此外，某些植物对铅、镉、汞等重金属元素有一定的吸收能力。

③绿化可调节场区气温，改善场区小气候。树木通过遮阴减少太阳光照辐射，树木和草地叶面面积分别为种植面积的75倍和25～65倍。绿色植物的叶面水分蒸发可吸收大量热量，高大树冠可为猪舍遮阴，草地和树木可吸收大量的太阳辐射，减少辐射热50%～90%，因而使绿化环境中的气温比未绿化地带可平均降低2～5℃（10%～20%），散失的水分可调节空气湿度。还具有降低风速、截留降水、蒸腾等作用，可形成舒适宜人的小气候。

④绿化可减少场区灰尘及细菌含量。在养猪生产过程中经常能引起舍内尘土飞扬，而对猪有害的病原微生物即附着在灰尘上，对猪只健康构成直接威胁。因此，猪舍内空气中的微生物数量比大气中的要多得多。据报道，母猪产圈内每升空气中有细菌800～1 000个，肥猪舍有300～500个。通过绿化植物叶面、树叶等吸附、阻留空气中的大量灰尘、粉尘，使空气中微粒量大为减少，因而使细菌的附着物数目也相应减少。吸尘的树木经雨水冲刷后，又可以继续发挥除尘作用，同时许多树木的芽、叶、花能分泌挥发性植物杀菌素，具有较强的杀菌力，可杀灭一些对人畜有害的病原微生物。绿化可减少细菌含量22%～79%、除尘35%～67%。

⑤绿化可净化水源。树木是一种很好的水源过滤器。猪场大

量浑浊、有臭气的污水流经较宽广的树林草地，深入地层，经过过滤可以变得洁净、无味，使水中细菌含量减少90%以上，从而大大地改善猪场水质。

⑥绿化可减弱噪声。猪场内部的交通运输工具、机械的开动、粪尿清除产生的声音以及猪本身的鸣叫、采食、走动、斗殴都能产生噪声。这些噪声对猪群的休息、采食、增重都有不良影响。树木与植被等对噪声具有吸收和反射的作用，可以降低噪声强度。

⑦利于防疫、防污染，同时也能起到隔离作用。猪场外围的防护林带和各区域之间种植的隔离林带，都可以防止人畜往来，减少疫病的传播机会。同时含水量大的树木起防风隔离作用，有利于防火。

⑧在猪舍内的空地上种植一些适宜的经济作物和果树，还可增加经济收入。

(2) 绿化规划时应遵循的原则。

①在规划设计前要对猪场的自然条件、生产性质、规模、污染状况等进行充分的调查。要从保护环境的观点出发，合理规划。合理地设置猪场饲养猪的类型、数量，从而优化猪场本身的生态条件。

②猪场的绿化规划是总体规划的有机组成部分，要在猪场建设总规划的同时进行绿化规划。要本着统一安排、统一布局的原则进行，规划时既要有长远考虑，又要有近期安排，要与全场的分期建设协调一致。

③绿化规划设计布局要合理，以保证安全生产。绿化时不能影响地下、地上管线和车间生产的采光。

④一般猪场用地都比较紧凑，要以最小的绿地获取最大的绿化覆盖率，充分利用每一块绿地，做到“见缝插绿”。

⑤在进行绿化苗木选择时要考虑各功能区特点、地形、土质特点、环境污染等情况。为了达到良好的绿化美化效果，树种的

选择除考虑其满足绿化设计功能、易生长、抗病害等因素外，还要考虑其具有较强的抗污染和净化空气的功能。在满足各项功能要求的前提下，优先使用乡土树种，还可适当结合猪场生产，种植一些经济植物，以充分合理地利用土地，提高整场的经济效益。

（3）场区环境绿化布置。在进行猪场总体布局和建设时，一定要统一考虑和安排好绿化区域和各种林木的功能，切实搞好猪场的绿化工作。猪场的绿化有：

①设置场界防护林带。在场界周边种植防护林带，防护林带的树种以乔木为主，乔、灌搭配建成具有层次的屏障绿化带，可选枝条较稠密和抗风的树种，如槐树、三叶树、小叶榕等。防风林带设在冬季上风向（防冷风）或夏季上风向（防风沙），宽5～8 米、株距 1.5 米，行距 1.5 米，3～5 行，品字形栽种。以降低风速为目的，防低温气流、防风沙对场区和猪舍的侵袭。

②场区隔离绿化带。在猪场各分区之间，四周围墙，应设隔离绿化带，选择疏枝树木以利通风，隔离墙内外可种植灌木及乔木，宽 3～5 米，2～3 行，起分隔和防火作用。

③场内外道路两旁的绿化。树种选择吸收有害气体和抗污染能力强的女贞、悬铃木、广玉兰、夹竹桃等，同时考虑常绿和落叶类的组合。种植 1～2 行，靠近猪舍地段的绿化应考虑不妨碍通风和采光。

④遮阳植物林。在猪场四周、猪舍之间均种树种草，猪舍之间种植 1～2 行乔木或亚乔木，树种根据猪舍间距和通风要求选择。猪舍之间的绿化既要注意遮阳效果，又不能影响通风排污。树种可选枝条长树冠大而通风性好的树。

⑤藤蔓植物及花草。在猪舍墙上种藤蔓植物不仅能够弥补平地绿化之不足，丰富绿化层次，有助于恢复生态平衡，又可减少强光及紫外线的危害，降低炎夏建筑物墙面的温度，从而降低室内的温度。在裸露的地面种草，优质的牧草可以作为饲料，提高

母猪的繁殖性能；种草坪和花不仅可以美化环境，且对废气有一定的吸收、净化功能，减轻废气对周边环境和区内的影响。

2. 水源防护和水体净化 水源防护是为了使水源水质能符合《生活饮用水卫生标准》(GB 5749—2006）的要求。水源分地面水和地下水，地面水是由雨、雪水汇集在地面低洼处或高山积雪、冰溶化顺流而下的水，如江河、湖泊、水库、塘坝、蓄水池等。井水、泉水都属地下水。水源卫生防护应作为一项长期工作来做，水源防护也从两方面着手，既防止周围污染物污染水源，同时做好猪场自身建设和管理，防止猪场粪污等对水源造成污染。经常了解、掌握水源近区或上游有无污染情况，并及时处理。在取水点周围设置水源卫生防护带，对于地面水，取水点半径100米内，严禁捕捞、停船、游泳和从事可能污染水源的任何活动；取水点上游1 000米、下游100米内不得排入工业废水、生活污水或设立仓库、码头等设施。而对于地下水，取水点半径30米内，不得设置渗水厕所、粪池、垃圾堆、污水坑等污染源。猪舍与井水水源间应保持30米以上的距离，最易造成水源污染的区域，如病猪隔离舍化粪池或堆肥场更应远离水源，粪污应做到无害化处理，并注意排放时防止流进或渗进饮水水源。

水源水质较差、不符合饮水卫生标准时，需进行净化和消毒处理。地面水在流淌中易受地面上的泥沙、工业、生活废水、化学毒物和病原微生物等污物，须经沉淀、净化、消毒才可饮用。地下水因有地层保护受污染机会较少，水质通常比地面水清洁度较高。但近年来，发现农药、兽药、人、畜粪便污水等有毒物质渗入地下水中，并随地下水流向下游扩散，也需做消毒处理。

（四）粪污的处理和利用

猪粪尿及废水对环境的污染日益严重，治理猪粪尿及废水已成为当前畜牧业发展中迫切需要解决的一个重大问题。通过科学饲养管理可以减少粪污量和减轻粪污对环境的污染，例如合成氨基酸、酶制剂、有机微量元素、微生态制剂、酸化剂以及除臭剂等添加剂的使用，饲料生产加工工艺的改进，阶段性的饲养技术等等。但要从根本上解决粪污染问题，必须加强综合治理。

1. 粪尿污水排放控制标准 养猪场排放的主要污染物有粪便及污水。猪粪尿及废水中的有害微生物、致病菌及寄生虫卵首先对养殖场的猪产生危害，导致幼猪死亡率和育成死亡率升高，同时给人类的健康甚至生命造成威胁。为防止污染的发生与蔓延，推动我国养猪业可持续、健康发展，国家已将控制畜禽养殖业污染问题有计划、分步骤纳入法制化管理阶段。自 2003 年 3 月 1 日始正式实施了中华人民共和国《畜禽养殖业污物排放标准》（GB 18596—2001），本标准控制项目包括三类，第一类是卫生学指标（寄生虫卵数和粪大肠菌群数）、第二类生化指标（BOD_5、COD_{cr}、SS、NH_4^+-H、TP）和第三类感官指标（恶臭）。该标准规定了规模化猪场的水冲式和干清粪工艺最高允许排水量、废渣无害化环境标准、污染物最高允许日均排放浓度等指标，这已成为现代猪场环境保护的重要技术内容。标准规定水冲式工艺最高允许排水量为每 100 头猪春季 3 米^3/天，夏季 3.5 米^3/天，秋季 3 米^3/天，冬季 2.5 米^3/天；干清粪工艺最高允许排水量为春季 1.5 米^3/天，夏季 1.8 米^3/天，秋季 1.5 米^3/天，冬季 1.2 米^3/天。水污染物最高允许日均排放浓度：五日生化需氧量 150 毫克/升，化学需氧量4 000毫克/升，悬浮物 200 毫克/升，铵态氮 80 毫克/升，总磷 8.0 毫克/升，粪大肠菌群数每 100 毫升1 000个，蛔虫卵 2.0 个/升。废渣无害化指标蛔虫卵死亡率≥95%，粪大肠菌群数≤10^5个/千克。臭气浓度（无量纲）＜70。

规模化猪场必须严格执行该标准，根据养殖规模，分阶段逐步控制，鼓励种养结合和生态养殖，在粪尿及废物的处理过程中，首先考虑资源化利用的途径，减少末端污染物的处理量。对污染物进行无害化、资源化处理与合理利用。

2. 固体粪的处理利用　新建、改建、扩建的养猪场应采取干法清粪工艺，采取有效措施将粪及时、单独清出，不可与尿、污水混合排出，并将产生的粪渣及时运至贮存或处理场所，实现日产日清。采用水冲粪、水泡。湿法清粪工艺的养殖场，要逐步改为干法清粪工艺，尽量防止固体粪便与尿及污水混合，以简化粪污处理工艺及设备，且便于粪污的利用。

(1) 粪便的贮存。养猪场产生的粪便应设置专门的贮存设施，其恶臭及污染物排放应符合《畜禽养殖业污染物排放标准》。贮存设施的位置必须远离各类功能地表水体（距离不得小于 400 米），并应设在养殖场生产及生活管理区的常年主导风向的下风向或侧风向处。贮存设施应采取有效的防渗处理工艺，防止粪便污染地下水。对于种养结合的养殖场，粪便贮存设施的总容积不得低于当地农林作物生产用肥的最大间隔时间内本养殖场所产生粪便的总量。贮存设施应采取设置顶盖等防止降雨（水）进入的措施。

(2) 固体粪肥的处理利用。

①土地利用。猪粪便必须经过无害化处理，并且须符合《粪便无害化卫生标准》后，才能进行土地利用，禁止未经处理的粪便直接施入农田。经过处理的粪便作为土地的肥料或土壤调节剂来满足作物生长的需要，其用量不能超过作物当年生长所需养分的需求量。在确定粪肥的最佳使用量时需要对土壤肥力和粪肥肥效进行测试评价，并应符合当地环境容量的要求。对高降水区、坡地及沙质容易产生径流和渗透性较强的土壤，不适宜施用粪肥，或粪肥使用量过高易使粪肥流失引起地表水或地下水污染时，应禁止或暂停使用粪肥。

②对没有充足土地消纳利用粪肥的大中型养猪场和养殖小区，应建立集中处理粪便的有机肥厂或处理（置）机制。固体粪肥的堆制可采用高温好氧发酵或其他适用技术和方法，以杀死其中的病原菌和蛔虫卵，缩短堆制时间，实现无害化。高温好氧堆

制法分自然堆制发酵法和机械强化发酵法，可根据本场的具体情况选用。

③用作饲料。粪便中的氮素、矿物质、纤维素等能作为取代饲料中某些营养成分的物质。猪粪中含粗蛋白3%～5%、粗纤维14.8%、钙2.72%、磷2.13%，可用作非常规饲料生产。粪便饲料化的方法很多，主要有干燥（自然干燥、高温快速干燥、烘干法）、青贮、需氧发酵、固液分离和膨化制粒等。

3. 猪场污水的处理 污水主要来源于猪的粪尿、食物残渣、日常生产管理的污水、生活用水等，其主要污浊指标有pH、BOD_5、COD_{cr}、SS、大肠菌群、N、P等。污水处理的方法主要有物理、化学和生物方法。其中生物方法是对现代猪场污水进行处理的一种比较有效的方法，它主要依靠微生物对污水中有机物的降解作用，来降低污水对环境的污染程度。在生物法中按其过程中空气控制的程度又可分为厌氧、好氧和兼氧等。厌氧法又可分为厌氧悬浮生物法（如厌氧消化）和厌氧固着生物法（如厌氧污泥床、厌氧滤池、厌氧流化床等），好氧法又分为好氧悬浮生物法（如活性污泥法、氧化塘法等）和好氧固着生物法（又称生物膜法，如生物滤池、塔式生物滤池、生物转盘、接触氧化、生物流化床等）。通过厌氧生物处理，可大量除去可溶性有机物（去除率可达85%～90%），而且可杀死传染性病菌，有利于防疫，这是物理处理方法如固液分离或沉淀等不可取代的；好氧生物处理作用在于粪便用于农田或排入河道之前的气味控制及降解COD等有害物质。

4. 粪尿的综合利用技术 目前，国内外猪粪尿的综合利用工程技术主要有两大类：即物质循环利用型生态工程和健康与能源型综合系统。

（1）物质循环利用型生态工程。该工程技术是一种按照生态系统内能量流和物质流的循环规律而设计的一种生态工程系统。其原理是某一生产环节的产出（如粪尿及废水）可作为另一生产环节的投入（如圈舍的冲洗），使系统中的物质在生产过程中得到充分的循环利用，从而提高资源的利用率，预防废弃污物等对环境的污染。

常用的物质循环利用型生态系统主要有种植业—养殖业—沼气工程三结合、养殖业—渔业—种植业三结合及养殖业—渔业—林业三结合的生态工程等类型。其中种植业—养殖业—沼气工程三结合的物质循环利用型生态工程应用最为普遍，效果最好。下面以此为例作简要阐述。

种植业—养殖业—沼气工程三结合的物质循环利用型生态工程的基本内容：规模化猪场排出的粪便污水进入沼气池，经厌氧发酵产生沼气，供民用炊事、照明、采暖（如温室大棚等）乃至发电；沼液不仅作为优质饵料，用以喂鸡、饲喂、养鱼、养虾等，还可以用来浸种、浸根、浇花，并对作物、果蔬叶面、根部施肥；沼渣可用作培养食用菌、蚯蚓，解决饲养畜禽蛋白质饲料不足的问题，剩余的废渣还可以返田增加肥力，改良土壤，防止土地板结。此系统实际上是一个以生猪养殖为中心，沼气工程为纽带，集种、养、鱼、副、加工业为一体的生态系统，它具有与传统养殖业不同的经营模式。在这个系统中，生猪得到科学的饲养，物质和能量获得充分的利用，环境得到良好的保护。因此，生产成本低，产品质量优，资源利用率高，收到了经济效益与生态效益同步增长的效果。

（2）健康和能源型综合系统。该系统的运作方式是：将猪粪尿先进行厌氧发酵，形成气体、液体和固体三种成分，然后利用气体分离装置把沼气中甲烷和二氧化碳分离出来，分离出来的甲烷可以作为燃料照明，也可进行沼气发电，获得再生能源；二氧化碳可用于培养螺旋藻等经济藻类。沼气池中的上层液体经过一系列的沼气能源加热管消毒处理后，可作为培养藻类的矿质营养成分。沼气池下层的泥浆与其他肥料混合后，作为有机肥料可改良土壤；用沼气发电产生的电能，可用来照明，还可带动藻类养殖池的搅拌设备，也可以给蓄电池充电。过滤后的螺旋藻等藻体含有丰富、齐全的营养元素，既可以直接加入鱼池中喂鱼、拌入猪饲料中饲喂，也可以经烘干、灭菌后作为廉价的蛋白质和维生素源，供人们食用，补充人体所需的必需氨基酸、稀有维生素等营养要素。该系统的其他重要环节还包括一整套的净水系统和植树措施。这一系统的实施、运用，可以有效地改善猪场周围的卫生和生态环境，提高人们的健康和营养水平。同时，猪场还可以从混合肥料、沼气燃料、沼气发电、鱼虾和螺旋藻体中获得经济收入。该系统的操作非常灵活，可随不同地区、不同猪场的具体情况而加以调整。

参考文献

陈纪凯 . 2000. 小规模养猪场高效经营管理［M］. 北京：中国农业科学技术出版社 .

陈清明 . 1997. 现代养猪生产［M］. 北京：中国农业大学出版社 .

代广军 . 2003. 规模养猪最新流行疫病防治技术［M］. 北京：中国农业出版社 .

郭传甲，等 . 1998. 现代养猪［M］. 北京：中国农业科学技术出版社 .

郭亮 . 2003. 无公害猪肉生产与质量管理［M］. 北京：中国农业科学技术出版社 .

韩俊文 . 2002. 猪的饲料配制与配方［M］. 北京：中国农业出版社 .

李宝林 . 2001. 猪生产［M］. 北京：中国农业出版社 .

李德发 . 1996. 现代饲料生产［M］. 北京：中国农业大学出版社 .

李清宏 . 2005. 节粮饲料的科学利用［M］. 北京：中国社会出版社 .

李铁坚 . 1999. 懒汉养猪法［M］. 第 2 版 . 北京：中国农业大学出版社 .

李同洲，等 . 2001. 猪饲料手册［M］. 北京：中国农业大学出版社 .

田有庆，等 . 2002. 简明养猪手册［M］. 北京：中国农业大学出版社 .

王连纯 . 2000. 养猪与猪病防治［M］. 北京：中国农业大学出版社 .

魏国生 . 1998. 科学养猪实用技术［M］. 北京：中国农业出版社 .

席克奇，等 . 1995. 养猪与猪病防治［M］. 北京：中国农业出版社 .

杨子森，等 . 2008. 现代养猪［M］. 北京：中国农业出版社 .

于匆 . 2000. 新编实用养猪技术精要［M］. 北京：中国农业科学技术出版社 .

余惠琴，等．1993. 养猪技术［M］. 实用养猪与猪病防治技术．北京：气象出版社．
岳文斌，等．2002. 畜牧学［M］. 北京：中国农业大学出版社．
赵书广，等．2000. 中国养猪大成［M］. 北京：中国农业出版社．
赵雁青，等．2000. 现代养猪技术［M］. 北京：中国农业大学出版社．

新　书　预　告

最受养殖户欢迎的精品图书·猪

书名	书号	作者	定价	开本	出版时间
仔猪健康养殖百问百答第二版	978-7-109-18395-7	董传河 王会珍 吴占元	待定	32 开	2014 年 1 月
目标养猪新法第三版	978-7-109-18345-2	季海峰	待定	32 开	2014 年 1 月
实用猪病诊疗新技术第二版	978-7-109-18156-4	王建华 李青松 杨　凌	待定	32 开	2014 年 1 月
瘦肉型猪快速饲养与疾病防治第二版	978-7-109-18133-5	陈明勇 王宏辉	待定	32 开	2014 年 1 月
无公害母猪标准化生产第二版	978-7-109-18190-8	刘彦	待定	32 开	2014 年 1 月
育肥猪健康养殖百问百答第二版	978-7-109-18149-6	柳桂霞等	待定	32 开	2014 年 1 月
现代猪场生产管理实用技术第三版	待定	曲万文	待定	32 开	2014 年 1 月
猪的营养与饲料配制技术问答第三版	待定	赵克斌等	待定	32 开	2014 年 1 月
养猪 300 问第三版	待定	周元军等	待定	32 开	2014 年 1 月
猪场安全用药指南第二版	待定	刘亚清	待定	32 开	2014 年 1 月

精 品 推 荐

图解畜禽标准化规模养殖系列

书名	书号	作者	定价	开本	出版时间
猪标准化规模养殖图册	978-7-109-17348-4	吴德	168	16 开	2012 年 12 月
肉鸡标准化规模养殖图册	978-7-109-16441-3	张克英	68	16 开	2012 年 1 月
蛋鸡标准化规模养殖图册	978-7-109-16417-8	朱庆	96	16 开	2013 年 1 月
鸭标准化规模养殖图册	978-7-109-17369-9	程安春 王继文	98	16 开	2012 年 8 月
鹅标准化规模养殖图册	978-7-109-17084-1	王继文 李　亮 马　敏	80	16 开	2013 年 1 月
肉牛标准化规模养殖图册	978-7-109-16418-5	王之盛 万发春	88	16 开	2012 年 1 月
奶牛标准化规模养殖图册	978-7-109-16356-0	王之盛 刘长松	88	16 开	2012 年 1 月
山羊标准化规模养殖图册	978-7-109-16439-0	杨在宾	120	16 开	2012 年 1 月
绵羊标准化规模养殖技术图册	978-7-109-17141-1	张红平	112	16 开	2012 年 8 月
兔标准化规模养殖图册	978-7-109-16380-5	谢晓红 易　军 赖松家	88	16 开	2012 年 1 月